大眾科學館 001

相對論與時間之謎，看圖就懂

和愛因斯坦搭乘光速火車的宇宙探險之旅

数式なしでわかる相対性理論

小谷太郎——著
林曜霆——譯

方言文化

前言

日常生活體驗，就能了解偉大的科學理論

我想很多人一定都聽過，「相對論」這個物理學理論。

約莫在一百年前，天才的愛因斯坦幾乎是憑一己之力所創想出來，根據這理論原理，以接近光速行進的火車或火箭將產生長度縮短、質量增加、時間變得緩慢，甚至挪移等各種奇怪的現象。換句話說，整個空間和時間都會扭曲彎折，或歪斜，或伸展，或縮短的狀況產生。

「這究竟在說些什麼啊？」很可能連解說者都覺得不知所云。

我在這本書中將試著**不用數學公式，而是以簡單易懂的方式為一般人解說所謂的「相對論」**。想要理解以近乎光速行進的火車或火箭所產生狀況的「狹義相對論」，其實不需要用到什麼高深的數學原理；又或者要解釋扭曲彎折或歪斜的時空，也就是數學上稱為「拓樸學」的原理，不拿出繁雜難懂的數學公式一樣能夠清楚了解。

即便再普通不過的人讀起來也不感艱澀困難，就是我想要做到的事，以淺顯易懂的方式來介紹**近世紀以來被公認最偉大的相對論**。

根本不用靠著物理學與數學，人們一樣很容易直覺理解生活上的運動原理，像是投擲、腳踢、拍打來讓球產生移動，當然無論你怎麼學透所有的科學原理，也無助於擁有高超的球技。倘若能學會相對論的直覺，同樣也能夠**不用數學公式，便可了解和預測近乎光速的列車、火箭，甚至宇宙黑洞的運作**。

也許仍舊有些人會認定：「若沒受過微分幾何、向量分析的訓練，很難理解相對論。」對於這樣的主張，因為我自己持著不同看法而只能在此深表歉意，敬請見諒。

順道一提，本書大幅修訂斯巴魯舍公司（SUBARU）出版《宇宙第一易懂的相對論》的架構，並且重新設計圖稿等製作而成。

小谷太郎

二〇一四年九月

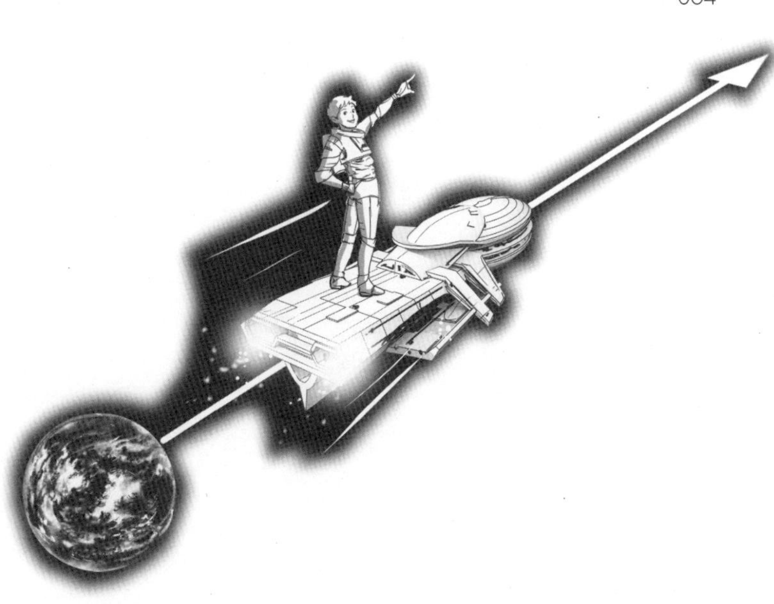

第四章　驚人的廣義相對論

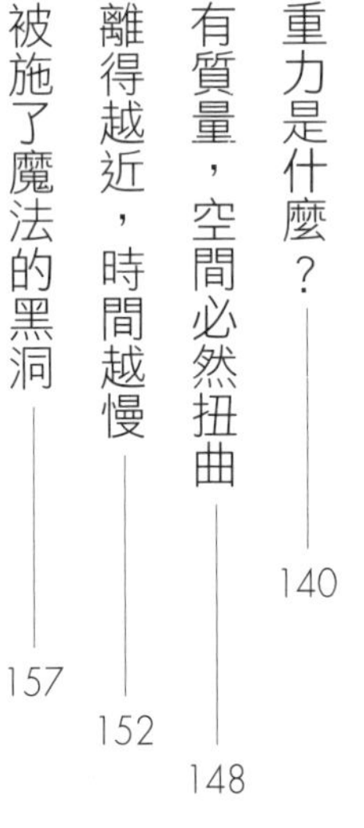

第五章　看不見的黑洞

第六章　宇宙大霹靂

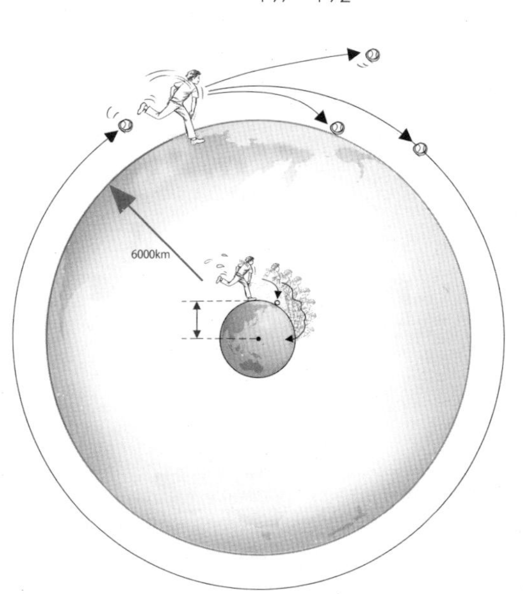

第 1 章

愛因斯坦的相對論

相對論（狹義）是很奇妙的物理學理論，提出像是時鐘會變慢，行進中的火車頭與車尾的時間有差異，移動著的尺規會縮短等等，和人們日常所知的常識有所差異。

不過，相對論是要在以近乎光速移動下才會產生，對速度慢上幾百萬倍的人們不會帶來生活上的困擾，而它所提的是非日常性的狀況，很難透過普通常識來理解。

本章將不靠數學公式，一步步地帶領大家來瞭解這些異於常識的相對論效果。

時間變慢、長度會縮短的神奇現象

下次有機會搭火車的話，你可以試著攬鏡自照，臉龐朝著列車前進的方向，此時你之所以能夠在明鏡上看到自己的臉孔，是因為光線打在臉龐上再散射到鏡子，並反射回眼睛裡的視網膜產生影像的緣故。

列車中的鏡子看不見自己？

光線是以每秒三十萬公里的高速，朝列車前進方向射出，從鏡子反射出來的光線也是以同等速度卻反向前進。

倘若我們可以把車速提高到每秒一百公尺的速度，並且在這裡假設列車是以遠超越火箭每秒十公里，僅比光速稍微慢一點在行進。如此一來，從臉部反射出的光線，是否還能夠如平常那樣地到達鏡子呢？

只比快速前進的列車稍快一些的光線，在臉龐與鏡子間往返的時間會不會產

【圖1】近乎光速前進的列車上，看不見鏡子裡的臉？

列車的速度較慢的話，鏡子裡會映照出臉來

當列車速度逼近光速時，鏡子映不出臉來？

生變化呢？若是光的速度每秒僅僅比列車快上十公分的話，那麼光線要穿越臉部與鏡子間的距離，肯定要花上幾秒鐘吧。

只要列車的速度越逼近光速，就會**產生光線遲緩的奇妙狀況**，鏡子裡所映照出來的應該是幾秒前自己的臉孔吧。當看著鏡子發現自己的臉遲些才被照出來，你應該就能知道列車的速度已經逼近光速了。

以近乎光速的列車車廂裡，真的會產生上述的奇妙現象嗎？

答案揭曉！這種奇妙現象實際上不會出現在列車，不管這輛列車的速度有多快，都不會發生這種好像可以測知速度的現象。乘客們若想知道列車的速度的話，靠著照鏡子是做不到的，只有在列車外頭運用一些方法才能辦到。

哪怕是超級高速的銀河鐵道，又或者一般的山手線電車，以固定的速度前進，車內的一切都不會產生任何變化，無論你在車廂內跑跑跳跳、投投球，或是像剛剛提及的測量光速等等，**所得到的結果都與列車靜止不動時所測得的結果相同**。換句話說，在車速固定的列車裡做任何物理實驗，不管列車處於行進中或停止狀態都不會影響結果。

因此，想要藉由**在車廂內跑跳、投球、發射光線等方法測速，都無法得知這輛列車的速度**。想要測出列車的速度，就必須要在列車以外的地面或物體才有辦法做到。

愛因斯坦的狹義相對論

若採用相對論的說法，則如同下述兩點——

- **相對性原理：在慣性參考系中，所有物理法則都會相同。**
- **光速不變原理：在慣性參考系中，所測得的光速都相同。**

忽然出現一些你不常見的詞句，但不用為此感到緊張。所謂的「慣性運動」是指無加速或是減速，維持一定速度的直線運動；而「參考系」則是針對列車、車廂中的鏡子、球等許多事物總括的指稱。在保持一定速度前進的列車上，利用鏡子反射光線所做的實驗結果，會與在一般平地上一樣，而這就是「物理法則都相同」的意思。

對於測量光速的實驗，無論在任何地點或方式都只會得到相同的結果，這就是前面提及「光速不變」的意思，並且在各種物理理論當中，**「光速不變」已經成為舉世公認的定律**。

顧名思義，「相對性」是要經由比較才能知道的事物，而參考系運動也是要透過比較才能得知，所以說參考系的運動是相對性的。相對性原理可以用以下兩點來表述——

- **相對性原理之一：參考系運動，不與其他參考系做比較就無法得知。**
- **相對性原理之二：參考系運動是有相對性的。**

事實上，這就是二十世紀最偉大科學家亞伯特・愛因斯坦（Albert Einstein）提出狹義相對論的核心。

根據剛剛提及的道理，我們就能比對在列車車廂內照鏡子的這個實驗。狹義相對論是基於「列車靜止或以一定速度行進時，車內的情況都不會改變。不跟車外比較的話，將無法得知列車是否在移動」的相對性原理，來預想車內或車外的現象。從相對性原理推導出的理論就稱為「相對論」或「相對性理論」。

【圖2】接近光速的列車上，鏡子同樣能照出臉來

相對論的奇妙現象

或許有些讀者會充滿疑問地說：「在列車裡，不看外頭真的無法得知列車是前進抑或靜止嗎？」沒錯！想要判斷列車是否有在移動，我們能夠透過窗外景像的有無移動，也可以藉著車站發生的鈴聲，引擎的馬達聲響，車子因為加減速所產生的搖晃及聲響等等訊息來判別。

那麼我們就把列車的窗戶封閉起來，加強隔音效果，把引擎馬達改換成靜音型或者乾脆不用，把會發出聲響的軌道改成無縫隙軌道，以及採用所有能夠達成安靜舒適旅行的一切措施。

除此之外，選擇直線路段以避免軌道彎曲時帶來的橫向加速感，保持一定速度不增不減地前進。這樣一來，人們真的還能夠區分出列車是安靜地前進或靜止嗎？

在車子裡不管你怎麼做實驗都區分不出來，即便是藉著照鏡子或是測光速等方式也是同樣的結果。

相對論的出發點其實是很理所當然的主張。從「列車靜止或以一定速度前進，車內的情況都會一樣」的這個理所當然主張出發，一步步導出**長度縮短、時間變慢、質量增加等種種相當奧妙的現象**。

幽靈列車的對撞

當有兩輛列車以近乎光速前進時，倘若你是地面上的觀測者，從你的眼睛來看，其中一輛在駛離，而另一輛則是往你接近著。假使兩輛列車正面碰撞的話，會發生什麼後果呢？

一般說來，物質若以接近光速碰撞，會因為碰撞所產生的炙熱而被蒸發得片甲不留。讓我們先假設這兩輛列車都異常堅固，即使正面對撞也只會脫軌翻車而已，當它們同時翻覆，這景象會同時傳達到地上的觀測者嗎？

這個問題的重點就在於，朝著你這個觀測者而來的列車前方所發出的光線，與離你遠去的列車後方所發出的光線，速度會不會一樣呢？當你從地面觀測時，列車前方頭燈照射出的光線，是否需要再加上列車本身的速度呢？

若依照光速不變定理，頭燈所發出的光線並不會比較快，從列車內來觀測的話是每秒三十萬公里，由地面來觀測的話也應該是每秒三十萬公里才對。乍看起

【圖3】如果光速不變定律不成立的話

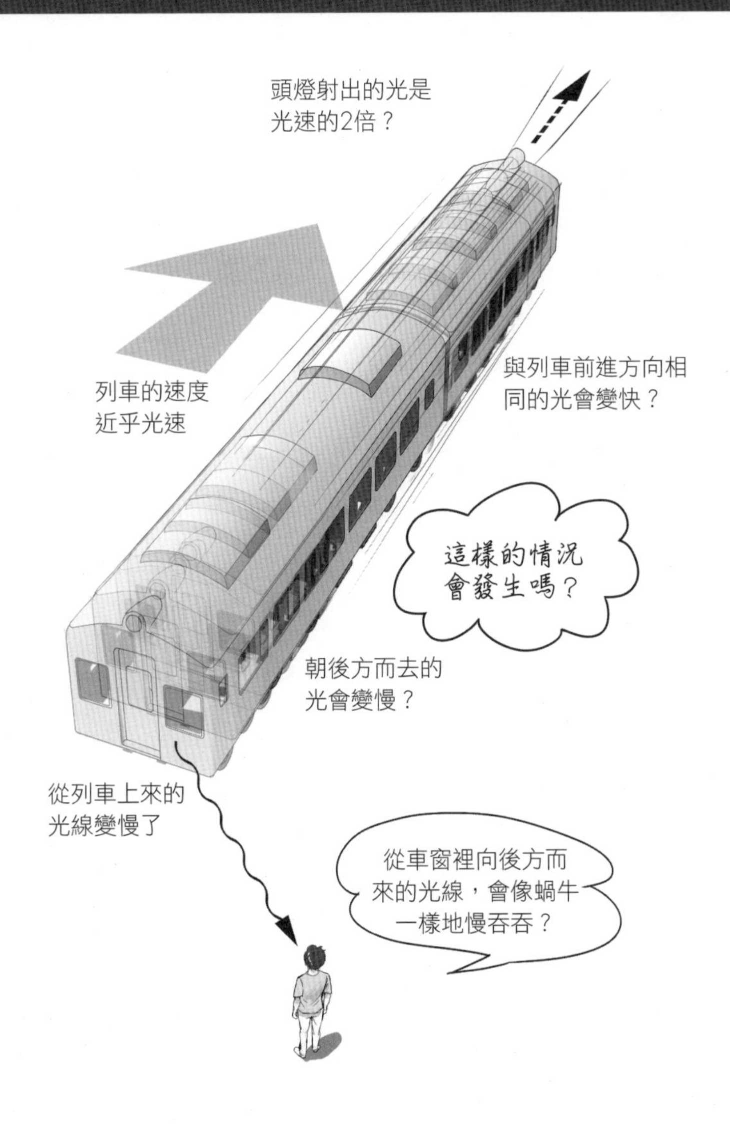

來違反光速不變原理其實才符合常識，如果計算光的速度時還加入光源本體，也就是列車的速度，反而因此產生了矛盾。

倘若在測量光的速度時還加上光源本體的速度，那麼以接近光速行進列車頭燈的光線，就應該要以接近光速的兩倍朝宇宙射去，而列車後方所發出的光線則會像蝸牛般地慢才對。以及從車窗裡散發出的光線，有的會快速朝前有的則是龜速往後地分別行進。因此朝著你開過來的列車光線，會比一般的光線來得更快到達，而駛離的列車影像則會遲些才能到達。

倘若果真是這樣的話，當兩輛列車相撞之時，站在地面上的目擊者將看到一個荒謬與誇張的景象——**迎面而來的列車突然間崩毀脫軌，卻完全看不見與它相撞的是什麼，就好像撞上幽靈列車一般**。

等衝撞過後一切靜止下來時，光線將從兩輛毀損的列車反射到觀測者的眼睛，也就是你終於可以同時看見這兩輛列車了。我想此時的你一定對我剛剛的邏輯推論感到異常頭疼，沒料到當光速改變時，竟然帶來如此大的困擾。

雖然我們幾乎不可能找到以近乎光速行進的列車，不過如果用天文望遠鏡來

【圖4】銀河鐵路列車的對撞

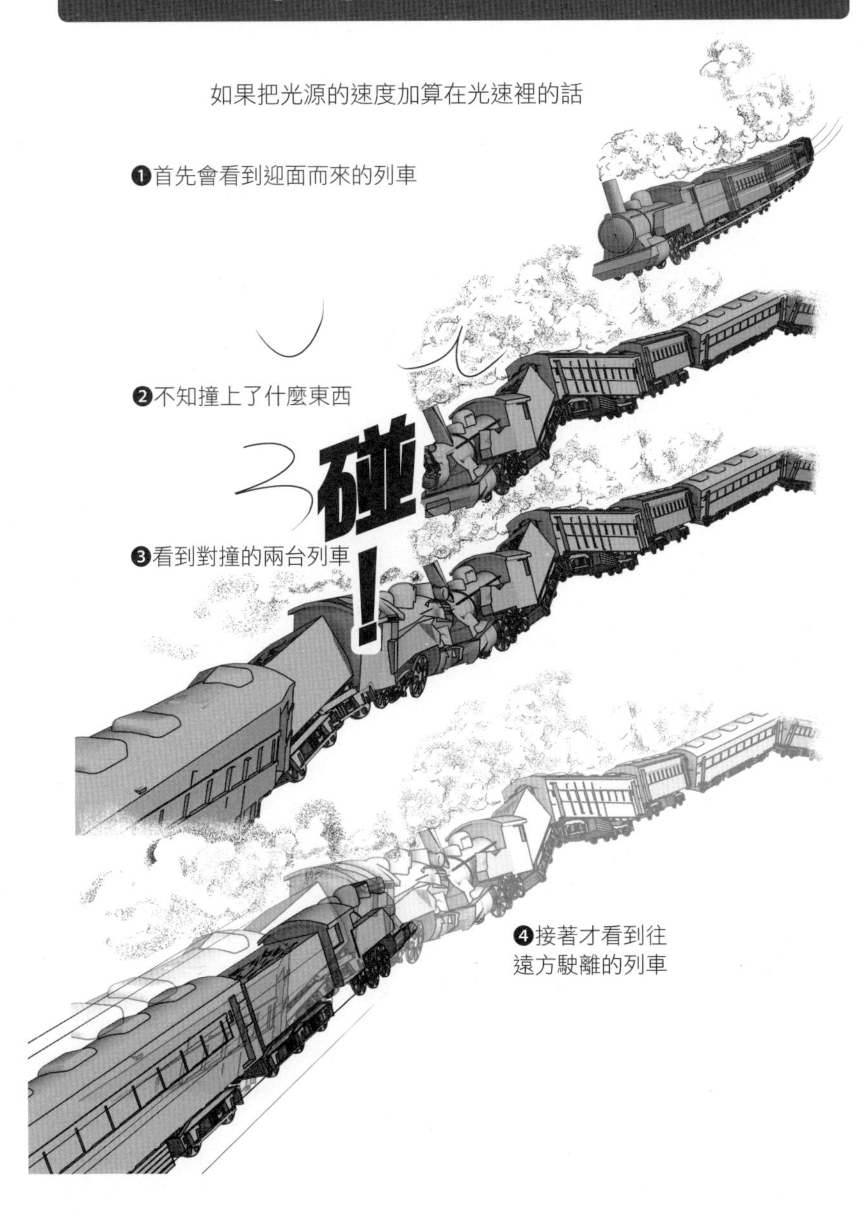

觀察宇宙的話，你可以看到許許多多以不可思議的速度在運行的天體，以及難以計數的銀河或天體。

要是計算光速時也把光源本身的速度加進去，那麼就會發生無數奇怪的幽靈衝撞現象，當宇宙中有這樣難以想像的天體現象，我想無論哪一位天文學家肯定都將抓破頭，不知該如何是好。

現今之所以不會看到這些怪異難明的現象，正是因為對誰而言光速都是不變的每秒三十萬公里，不管是能以匹敵光速飛行的星球、銀河，或者投射在銀河鐵路列車所反射出的光線，對宇宙中任何觀測者來說，都只有固定的光速，也就是每秒三十萬公里。

這就是光速不變的道理。

宇宙中跑最快的傢伙

依據剛剛提及光速不變定律，不論是身處行進中列車內的乘客，又或者是站在列車外頭的觀測者，他們所測得光線速度都只會得到同樣的數值，因此也就能夠推導出「不會出現超越光速的速度」原理。

在光速列車裡投球

接下來還是拿列車來作說明。假設列車速度只比每秒三十萬公里的光速略慢一些，是每秒二十萬公里。此時車上的乘客朝著列車前進方向投球，此時若是由車內的人拿著測速槍來測量，球速也會是每秒二十萬公里的超高速。如同大家所知道的，即便職業球賽的快速球也不過時速一四〇公里的程度而已，而這可是高過五十萬倍的超級恐怖的快速球啊！

問題來了，若是從地面上來觀測的話，那麼球的速度又會是多少呢？

為了更簡單地解決問題，就當成列車裡的投手除了投球之外，頭上還另外發出一道同方向的光線。

這麼一來，在列車裡的投手或車內觀測者的眼前，存在著列車本身、球以及光線三個不同物件。對列車裡的觀測者來說，列車等於是停止狀態，也就是說列車的速度是每秒零公里，球的速度是每秒二十萬公里，光的速度當然是不可變動的每秒三十萬公里。確認球比列車快，比光線慢的這一點是很重要的。

接下來讓我們換另一個視點來看看，從列車外頭來觀測投手投出球後的狀況，透過不同的參考系來觀測前述的三個物件，各個的速度又會是如何呢？

首先，對身處列車外頭的觀測者來說，列車是以每秒二十萬公里的速度飆過去，這一點應該是無庸置疑的。

其次是光線的部分。由投手發出朝列車前進方向而去的光線，即使由外頭的人來測量，根據光速不變定律，速度也會是每秒三十萬公里，無論車速多少朝哪個方向射出，都不需要再加計列車的速度。

最後讓我們來看看那顆球吧。當車內投手朝著列車前進方向投出，那麼球會

【圖5】從地面測量列車裡的球速

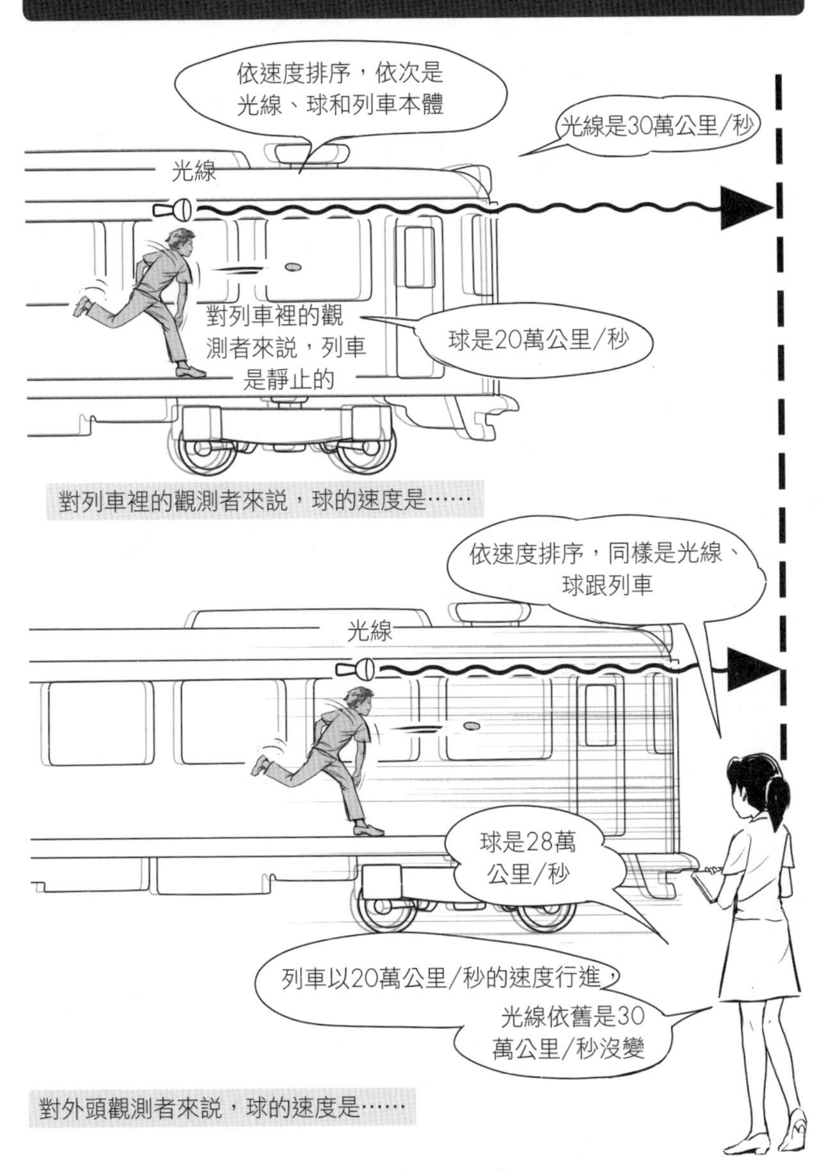

以列車速度加上投手臂力所產生的球速，所以應該是每秒二十萬公里＋每秒二十萬公里＝每秒四十萬公里的速度在前進。這樣的答案正確嗎？

不對啊！前面不是提過，球會以比列車快，卻比光線慢的速度在行進嗎？也就是說球速快於每秒二十萬公里，慢於每秒三十萬公里才對吧。「球比列車快、比光線慢」的這一點，對列車內或外頭的觀測者來說，都是成立的。

光速無法被超越

就讓我在這裡先說結果，地面上的觀測者所測得的球速大約是每秒二十八萬公里，差了光速約每秒二萬公里的速度。就算把列車裡觀測者所測的球速，直接加上列車的速度，也得不出地上觀測者所測出的球速結果。

從這個結果我們可以導出兩項自然定則。

首先是關於物體的速度，列車裡的觀測者與列車外觀測者所測得的數值並不一致，簡單來說，就因為列車自身速度讓這兩者有了不同的結果；其次，任一方觀測者所測得未達光速的物體，對另一方觀測者來看同樣也未達光速。

結合兩個定則，我們可以推估出以下這個鼎鼎有名的結論——

「光速的極限：無論再怎麼加速，都無法超越光速。」

若是一架速度極為接近光速的火箭，再點燃引擎持續加速的話，是否能夠超越光速呢？我們可以用同等的方式思考，同樣請列車裡那位神奇投手試試，並且假設這列車擁有和火箭一樣具有近乎光的速度在前進，投手是以與火箭能獲得的相同加速度投出球來，並且從列車外來測量這顆球的最終速度。

正如先前所推估的那樣，從列車外頭來測量球的最終速度都會慢於光速，換言之，**不管你多麼夠力、加足了燃料，用盡一切可能辦法來催動引擎，結果火箭都無法超越光速**。

移動的時鐘，轉得慢

讓人們苦於理解的奇妙相對論現象當中，首先要提及的就是「時間變慢」，也就是：「在接近光速行進列車裡的時間，從地面上的觀測者來看，時間的流速變慢了。」這個現象的描述，光是想像就足以讓人覺得頭疼：「這根本是有違常識的情況啊。」

列車行進時，時間會變慢

不過時間變慢的這種現象，卻意外地可以用很簡單的思考實驗，如【圖6】是運用光線來測量時間的特殊時鐘便可以導出。這是一個全長十五萬公里的巨大時鐘，當按下開關光線便會射向鏡子，一秒之後反射回來並發出聲響。開玩笑地說，假如有一秒鐘就能泡好的杯麵，那麼這個時鐘肯定很實用，可以在泡好時立即發出通知。

讓我們把這個時鐘裝到列車上吧。裝置時要讓光的行進路線與列車的前進方向呈垂直，只不過這麼一來列車車體得高達十五萬公里，得必須要靠銀河鐵路公司的技術能力來幫忙了。

若列車裡的觀測者要靠這個時鐘來幫泡麵計時的話，會發生什麼情況呢？

不管列車靜止或呈慣性運動，車內的物理法則都不會有什麼變化，這就是所謂的相對性原理。此外，依據光速不變原理，即使是移動中列車裡的人來測量，光速也不會產生變化。因此，不管列車靜止或行進時，光時鐘都會準確地報出每一秒來，車內的廚師可以毫無困難地做出「一秒鐘泡麵」，我們的這項泡麵物理實驗即使在列車行進時，也應該會獲得相同的結果。

另一方面，從地上來觀測這輛行進中的列車，就不太一樣了。

從地面來觀測，列車行進著而光線路徑卻非垂直而是斜斜地，一來一往的長度超過三十萬公里，所需的時間也會超過一秒鐘。

換言之，在地上已經超過比一秒鐘更長的時間，車子裡的光時鐘才會跑完一秒。假如列車的速度是光速的九十％，那麼從地面上來測量就會是二秒鐘、

【圖6】光時鐘

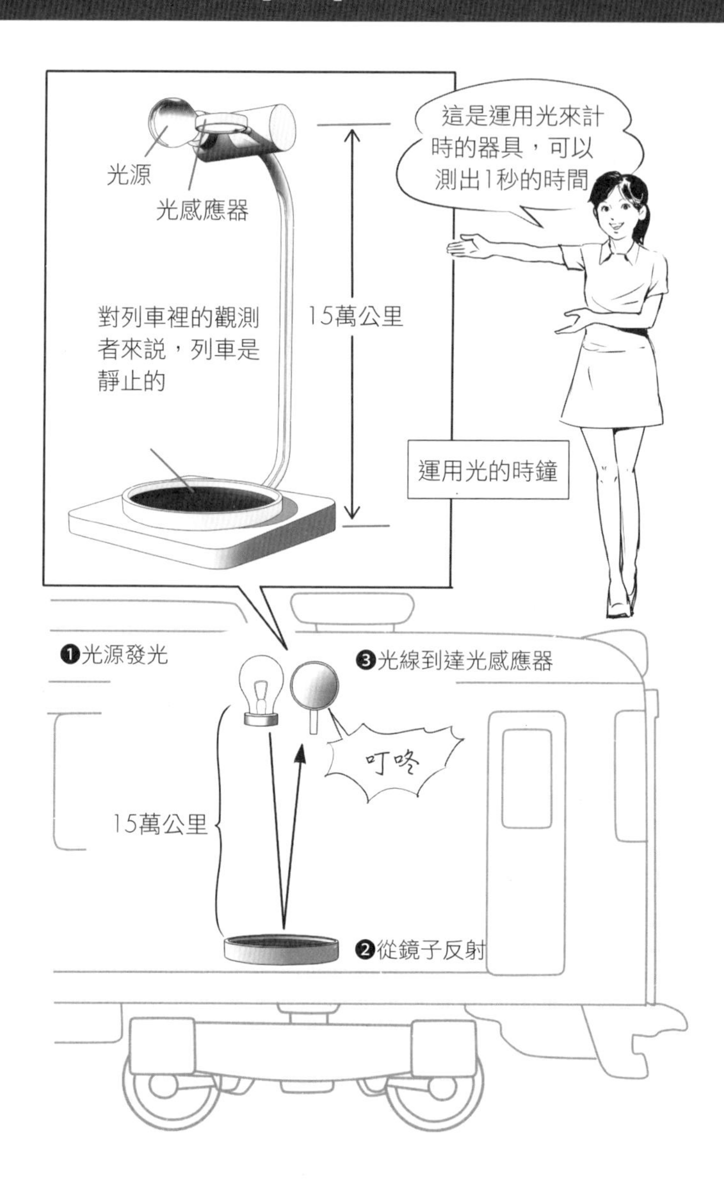
光源
光感應器
對列車裡的觀測者來說，列車是靜止的
15萬公里
這是運用光來計時的器具，可以測出1秒的時間
運用光的時鐘
❶光源發光
❸光線到達光感應器
叮咚
15萬公里
❷從鏡子反射

九十九％的話會是七秒鐘、九十九．九九九九％的話，那就是十二分鐘了。

這就是相對論效應提及的時間延遲。從地面觀測者來說，行進中列車裡的時間變得緩慢了。當列車速度越接近光速，光線從鏡子裡反射回感知器而發出報時聲，從地面上的人來看，就得經過更長的時間，並且依據列車的速度而定，地面上得經過十秒甚至是一年，車內的時鐘才會跑完那一秒鐘。

Tips

相對於觀測者，移動中的時鐘會變慢，行進中的列車或火箭時間流速也會變慢。

時間測量的誤解

因為時間變慢的現象與日常生活經驗有點距離，各位應該會有很多疑問吧。

首先，如果不是利用光來計時的特殊時鐘，只是常見的一般時鐘會如何呢？時間還是會變慢嗎？

正確答案是無論石英時鐘、砂漏、生理時鐘或者其他，都會跟這個光時鐘一樣，有時間變慢的現象。如果普通時鐘和光時鐘在車裡有不一致的情況產生，那麼車內的人就會知道「這是因為列車的移動，所以兩個時鐘的時間變得不一致了」。但這麼一來，就違背了之前提過的，「不從外頭看，無法知道列車是否在移動」的相對性原理。

車裡頭的人會有感覺時鐘變慢了嗎？事實上並不會有這樣的感受。**我們對於時間的感覺，是由體內的化學反應（雖然還沒有被研究得很透徹），比如肚子餓了就要吃飯，或像是「心跳六十下大概快一分鐘了吧」的這種物理現象所判斷而來，**而體內外的這些現象也將跟著光時鐘一樣放緩了步調，所以車子裡的人是感覺不出時鐘有變慢的。

偶爾會產生一種誤解，認為遠離而去的列車或火箭裡的時間看起來變慢，那是因為光線到達地面上觀測者的時間變長的緣故。換句話說，是把時間變慢的現象，誤解成因為光線遲到而影響了觀察。

時間變慢並非從外觀得出的現象，而是與列車或火箭發出的光線，到達地上觀測者所需時間毫無關係的「真實」現象。如果是從外觀得出的現象的話，那麼

【圖7】列車裡的時鐘變慢

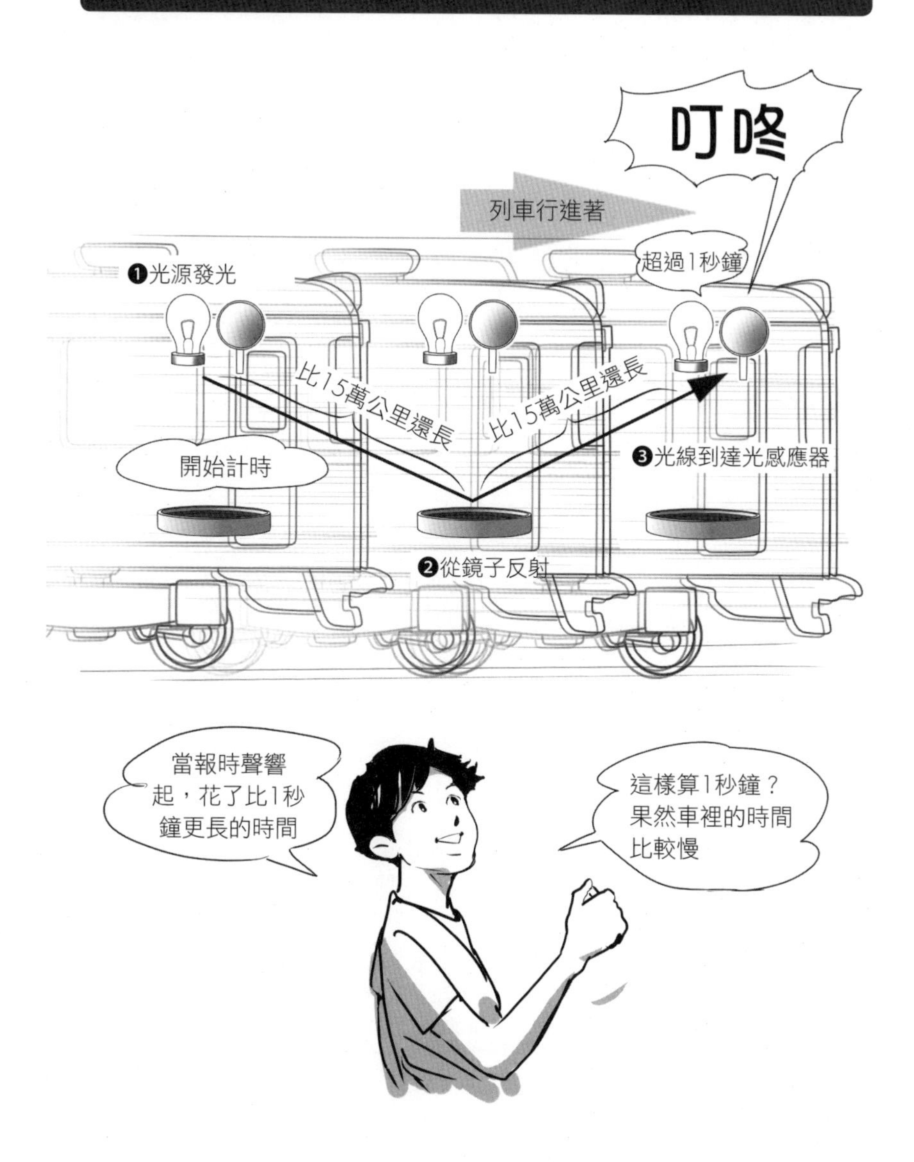

叮咚
列車行進著
❶光源發光
超過1秒鐘
比15萬公里還長
比15萬公里還長
開始計時
❸光線到達光感應器
❷從鏡子反射
當報時聲響起，花了比1秒鐘更長的時間
這樣算1秒鐘？果然車裡的時間比較慢

朝地面觀測者而來的列車或火箭的時間，豈不就反而變快了嗎？事實上並不會如此。

話說這裡的「時間變慢」現象，在日文裡很難找到合適的說法，教科書上可以看到「時間遲到」的描述，但這只能表達出時間產生了差異。若以行進中列車上的時鐘來看，時間的確出現了差異，也就是時間的流逝變得緩慢了。

之所以會有這些用語上的不便，或許是因為日文並非對應著相對論現象的語言吧。人類的語言其實並無法用來處理相對論，相對論需要新思維、新直覺與新語言，不過開發相對論專用的新語言這一點，已遠遠超出本書的範圍了。

奇特的時間相對性

讓學習相對論的人感到困惑的是，地面觀測者跟列車裡的觀測者都主張變慢了的是對方的時間。這次我們就把光時鐘設置在地上吧，然後從行進中的列車裡來觀測，你可以參考【圖8】所示。

猶如先前導出時間變慢的結論過程，從列車上適當地觀測設置在地面的光時鐘，地上的光時鐘會朝後方遠去，因此光線從鏡子反射回感應器所經的距離會超過三十萬公里，固定在地上的光時鐘測出一秒鐘所花費的時間，會比列車裡的時鐘的一秒鐘還長。

這裡是學習相對論最難以理解的關卡，抱頭苦思甚至氣到扔書不學的初學者還挺多的呢。

列車裡的人主張地面上的時間變慢，而地面上的人則主張列車裡的時間變慢，究竟這兩者有無可能都是正確的呢？

【圖8】對車裡的觀測者來說，地面的時鐘變慢了

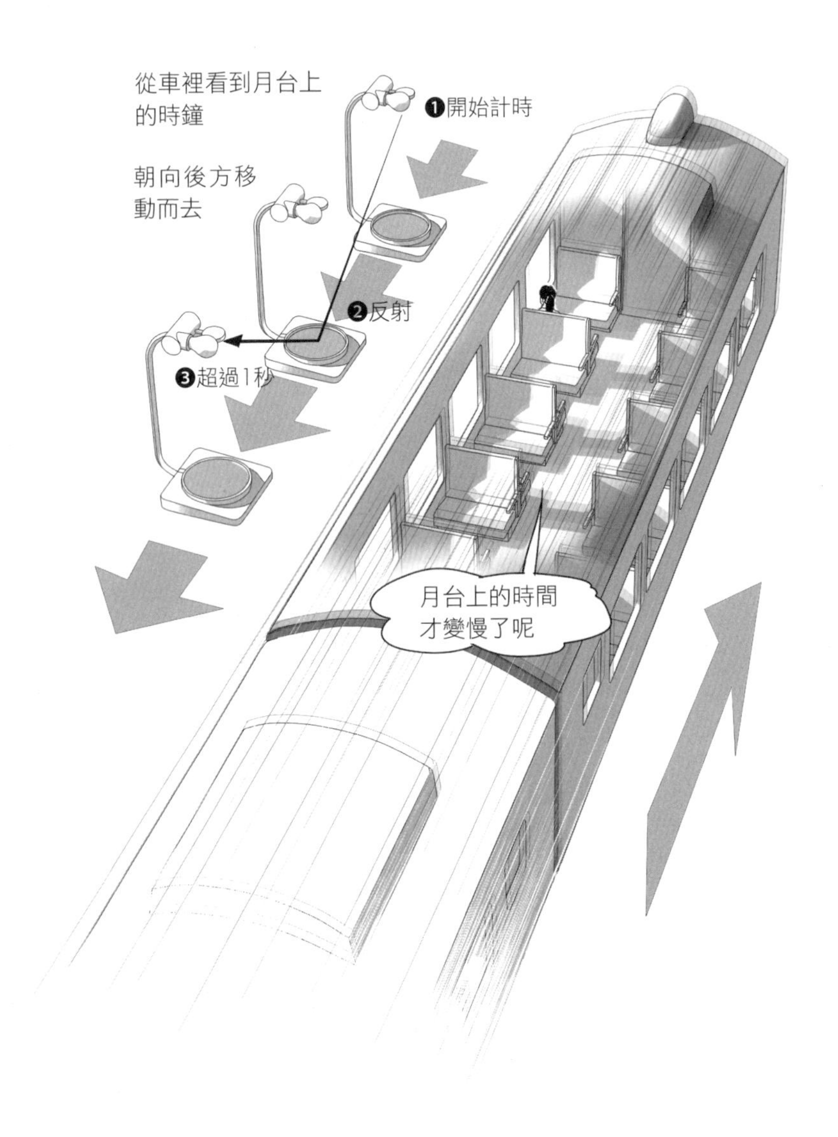

是的，**這世界就是這麼奇妙，乍看之下難解的對立局面，卻都符合著相對性原理**。從地面上來看移動的是列車，但從車裡來看，外頭的景色才是移動的一方。依據「運動是相對」的相對性原理，任一方觀測者的主張都可以成立。

當我們從山手線列車裡來看目黑車站的月台時，或許也會覺得其實在移動的是月台才對，只不過目黑車站是地球的一部份，而地球則是飄浮在宇宙中的一個大岩塊團。山手線跟地球究竟哪個在移動，哪個是靜止的，比較這兩者很難會有正確的答案。

無論從何者來看都是一樣，光速就是光速，所有的物理法在任何一方也都成立。因此從地面觀察列車所得出的相對論效果，跟從車內觀察地面所得的結論，都會是相同的。

Tips

時間相對性指稱的是，對於相互運動的兩個參考體系來說，對方參考體系的時間流動都會變慢。

地面的觀測者跟車內的觀測者都是正確的，如此一來就不會造成困擾了嗎？到月台送行的人說：「我已經花了十分鐘站著吃完泡麵，離開的列車裡卻只經過一分鐘，旅客還一直在翻找著硬幣呢！」另一方面在車裡的旅客則講：「花了十分鐘喝完一罐咖啡，這期間月台上才過了一分鐘，送行的人還在吹著麵等它涼點呢！」萬一兩邊人吵起來怎麼辦？

事實上不用擔心會造成這樣的困擾，當你看了下一節的說明就清楚了。

相對論也有矛盾？

從地面的觀點來看是列車裡的時間慢了；從列車裡來看則是地面的時間慢了，雖說能以相對論原理來說明，可是如此奇妙的效果，實在讓人擔心會不會帶來什麼矛盾的結果。

運用相對論的作弊技巧

若從地面聯絡列車的話，究竟是幾點幾分的地面會聯絡上幾點幾分的列車裡呢？而從列車向地面聯絡的話，地面會不會得到來自未來的資訊而引發矛盾呢？

【圖9】顯示的是「運用相對論概念的作弊手法」，把兩位應考生配成一組，讓他們能互相聯絡彼此提供正確答案。

通常的作弊如果不知道正確答案，即使聯絡上對方也毫無用處；但若誤用相對論原理的話，則會產生兩個人都能答出正確答案的矛盾概念。

一位是在地上應考的考生，另一位則在接近光速的列車裡應考，列車在考試開始時出發。不久後地面上的考試結束，而以幾近光速行進著的列車裡時間較慢，因此列車上的考試還在進行中。此時地面上考生拿出手機，把正確答案告訴了列車上考生，獲知正確答案的車內考生就這樣寫完了考卷。

而不久後列車上的考試時間終了，對列車裡的考生來說，地面的時間較慢，所以那邊的考試還沒結束，於是列車上的考生拿出手機，這次換他來教地面上的考生正確答案，被列車裡考生傳授正確答案的地面考生，也因此完成了自己的考卷。

就這樣，沒唸書就來考試的雙人組，靠著來自未來的對方所傳授的正確答案，都獲得了滿分的成績……，這就是運用相對論概念的作弊手法。

這個相對論式的作弊方法究竟管不管用呢？

【圖9】運用相對論的作弊手法

詭計的破綻

對考生們來說頗為遺憾，不過從監考老師和宇宙法則的角度來看，很慶幸這個方法無法奏效。宇宙被創造得很好，不會產生這種矛盾。

詭計的破綻究竟出在哪裡？請你參考【圖10】來思考一下。縱軸是在地面測得的時間，考試從零點開始，橫軸是以地面上的尺規標準，從出發地點測得的列車移動距離。待在地面的考生位置沒有變動，依照縱軸來接受考試。另一邊的車內考生，則是沿著斜線邊移動邊考試，列車速度是每秒十八萬公里，也就是約為光速的六十%。

地面上的考試在【圖10】❷的時間點結束，考試時間為一個小時，對地面考生來說，此時列車上的考試尚未結束。時間較慢的列車上考試，會在地面經過一小時十五分鐘後的【圖10】❸的時間點結束。

考完試的地面考生，拿出手機要打給列車裡的考生，電波以光速追著列車而

【圖10】電波從月台追上列車

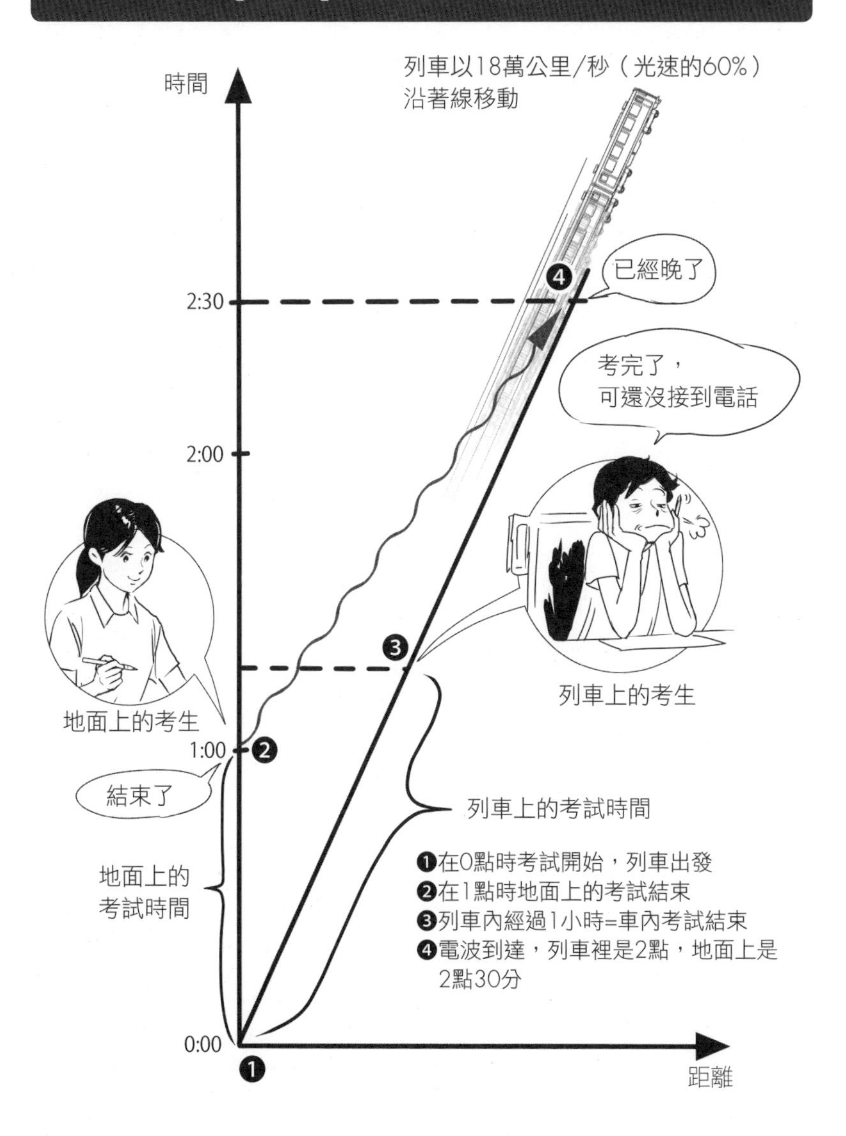

去（手機電波並非從發話方往受話方而去，不過於此先不討論這點細節），當電波追上且讓列車裡的手機響起時，已經是列車上考試結束後【圖10】❹的時間點了。

相對論式的作弊法的破綻在此。

不管從地面上看列車內的時間有多慢，地面上考試結束後所發出的電波，都無法在列車內的考試時間裡抵達。從地面的觀測者來看，列車裡的時間變慢了；從列車裡的觀測者來看地面的時間也慢了，雖然這是很不可思議的相對論效果，倒也無須擔心日後會因此產生通訊上的矛盾情況。

雙胞胎的悖論

現在要來介紹一下鼎鼎有名的「雙胞胎悖論」。

雙胞胎的姐姐搭乘銀河鐵路，前往二百萬光年之外的仙女座星系（精確地說是二三〇萬光年）旅行，列車的速度相當接近於光速。

雙胞胎也會意見相左

依據相對論的原理，對於留在地球看家的雙胞胎妹妹來說，接近光速行進列車裡的時間會變慢，而對列車上的姐姐而言，地球上的時間也會變慢，兩位雙胞胎的看法因此變得不一致。

列車跑了二百萬光年到達了仙女座星系，在當地觀光了幾天之後，姐姐踏上返回地球的旅途。

地球上經過了四百萬年之後，出發的列車回來了，事態也出現了不小的爭議。依妹妹的角度來觀測，因為列車上的時間流速變慢，姐姐回來時應該沒多幾歲才對。然而對於從仙女座星系返家的姐姐又如何呢？在去程時姐姐主張看家的妹妹的時間會過得較慢，回程時卻認為身為旅客的自己的時間過得比較慢，姐姐沒長幾歲但妹妹卻已經有四百萬歲了。

也不知道是誰開始這樣叫的，這個惱人的狀況被稱為「雙胞胎悖論」。接著，來解讀一下這個「悖論」是怎麼產生的。好好思考的話，便會瞭解其中並無矛盾。

首先會被質疑的是，兩姐妹相差四百萬歲的結論是否正確？這的確合乎相對論的正確預測，比起去仙女座旅行歸來的姐姐，留在家裡的妹妹歲數會增長得較多。不僅是星際旅行，任何旅行裡的遊客所經歷的時間，都會比留守在家的人來得少。

Tips

不只是星際間的旅行，任何旅行都一樣，旅客所經歷的時間會比留守的人要短些。

依據相對性原理，對留在地球上的妹妹而言，銀河鐵路列車的時間流速較緩；對列車裡的姐姐來說，在地球上的妹妹的時間才變慢了。雖說我們已經瞭解關於時間變慢的理論，但對於「從地球來看是列車在動，從列車來看是地球在動」，以及不斷重複提到的「相對性原理」，有些讀者應該還是接受得有些不甘不願吧。

讓我們回到正題。旅行者從仙女座返回卻沒有增加歲數，這一點更讓人實在搞不懂，地球跟列車兩者的立場應該是平等的，為什麼會產生姐姐沒變老，妹妹卻變老了的情況呢？

走錯路的旅客，老得慢

請你參照【圖11】，這裡描述了姐妹倆人所經歷的軌跡。用最簡單來說，兩人經驗上的差異是因為，比起搭乘銀河鐵路的姐姐非直線的路程，看家妹妹所經歷的則是最短的直線距離。

姐姐搭著銀河鐵路列車，沿著斜線路程遠離地球往仙女座而去，並且以

【圖11】旅行者與留守者經歷的路程

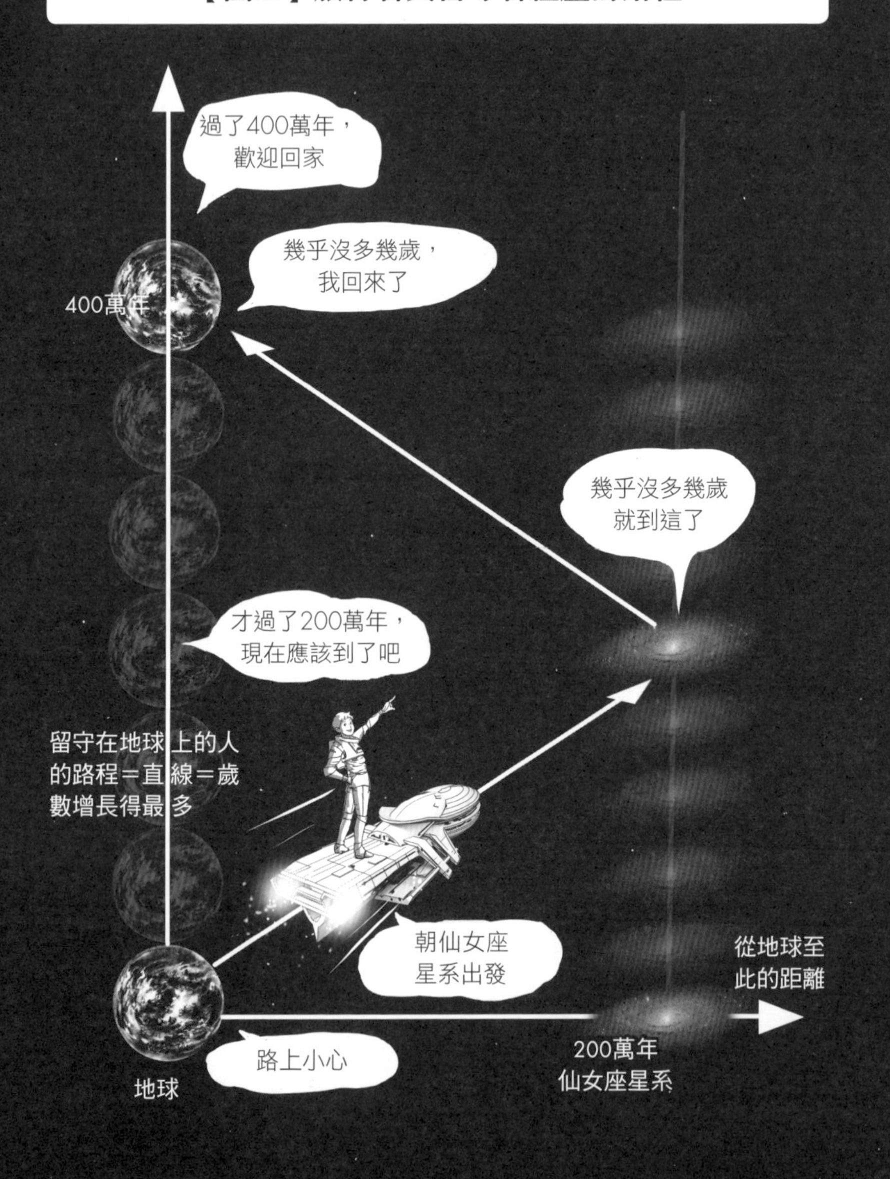

「く」字形路線回到地球；地球上的妹妹經過的「路程」，則是從列車出發的點到與姐姐再會的點之間的直線。對於所有可能連結著出發點和再會點這兩個點之間的曲線當中，最短的是直線。其實妹妹並沒有移動，用「路程」來稱呼是有點奇怪，請把「路程」當成是對連結圖中兩個點的那條直線的稱呼。

依據相對論，**沿著最短距離行進的旅客，比起採取其他路線旅客的歲數增長得較快**，採取其他路線的旅客，在旅途中一定經歷過高速度移動，而這就讓時間的流速變慢了。

請隨意地在這張圖中，填上銀河鐵路的起點與終點吧。

西元二〇〇一年從仙女座出發，或是西元前三〇〇〇年從小犬座南河三恆星出發，然後在何時與到達哪裡都沒關係，把這兩點用線連起來，就代表著銀河鐵路列車的路線，直線或隨便畫條曲線也沒問題，只不過路上可別超過光速喔。只有不超過光速，銀河鐵路列車才能真的行進在這條路線上。

接著把直線路程分給妹妹，彎曲又繞道的路程分給姐姐，最後在終點相會時，比較年輕的會是姐姐。姐姐失去了的人生，是好是壞我們不知道，頂多就是失去光速走完旅途所花的時間。若以往返東京跟新大阪站的時間是〇・〇〇三秒，那麼到仙女座旅行則大約需要四百萬年。

「悖論」的說法，招來誤解

經過以上的說明，或許有人還是覺得不太能理解。姐姐跟妹妹彼此都覺得對方的時間變慢了，卻從何時轉變成一致公認變慢的是姐姐的時間呢？

的確，對於像「現在幾點了？」或「這把尺有幾公分？」這類的問題，在地球上或列車內會得出不一樣的答案。但對於「在車裡要待上多久才能到達仙女座星系」的問題，雙方的答案就會相同，假如不一樣就不妙了。

舉例來說，假設現在要消滅位於仙女座星系裡的機器人帝國，或者諸如此類的壞人巢穴，於是藉由銀河鐵路列車送了枚定時炸彈過去。對地球上的妹妹來說，炸彈會依照設定把目標給炸飛，而對同樣在車內的姐姐來說，炸彈若在到達仙女座星系之前就倒數完畢而爆炸了，壞人還會願意投降嗎？當姐姐的真的很煩惱。

「炸彈是否會在到達仙女座星系的同時爆炸嗎？在列車裡得經過多少時間？」的問題，姐妹倆的答案會是相同的。從地球上來看，是因為車內時間變得慢了，而從車內來看，則是因為地球跟仙女座之間的距離縮短了，所以對兩者來說引爆的時間會是相同的。

「悖論」（parado x）也被譯為「弔詭」或「矛盾」，指稱的是「矛可以刺穿盾，而盾絕對不會破損」，這種出現解答互不相容的問題。

但這邊的「雙胞胎悖論」，最後的結果姐妹倆的意見是一致的，姐姐保持著年輕的樣子從仙女座星系回來了，機器人帝國也被炸掉了，正確來說「雙胞胎悖論」並非真正的悖論。

在解說相對論的科普書中，對於這個問題有過說明錯誤的情況。恕我直言，這樣的書其實很多，典型的錯誤像是「要瞭解雙胞胎悖論單靠狹義相對論是不夠的，必須要運用廣義相對論才行」。但其實當姐妹倆再會時各自是幾歲，依狹義相對論就足以計算出來，無需用上廣義相對論。

運動中的物體，會變重

在接近光速行進著的列車或火箭裡，物體的質量會有變化嗎？這次相對論又會帶來什麼驚喜呢？在思考這個問題之前，先簡單整理一下宇宙中關於物體重量的問題。

無重力下如何測量質量

人們總是透過「體重五十公斤」、「米五公斤」、「抗壞血酸一百毫克」等這類的說法，來表達物體有多少「質量」，其中的公斤或毫克都是表達質量的單位。

所謂的質量，不管是在月球表面或國際太空站上都不會改變，體重五十公斤的人到哪的質量都是五十公斤。

另一方面，重力施加在身體上往地面拉的強度會因地點而異。質量五十公斤的物體在地球表面上會受到約五百牛頓*的拉力，在月球表面上則為地球的六分之一，約八十牛頓的拉力影響，這邊的力通稱為「重力」。

通常都是利用重力來測量質量，地球上使用的體重計是經過調整，在受到五百牛頓的力時，會顯示成「五十公斤」。

國際太空站或進入太空後關閉引擎飄浮著的太空梭，會依從所受到來自地球、月球或太陽的重力影響而運動，此時利用重力來測量的體重計則會顯示出零公斤，這樣的狀況稱為「無重力狀態」。

在無重力狀態之下，人體、鈑手、原子筆或垃圾都會飄浮在空中，在地表上重到拿不起來的器材，此時只要靠著手指就能撥動。當太空梭的搭乘者在軌道上啟動引擎，讓無重量狀態回復到有重量狀態之後，原本飄浮在梭內的工具、文具或垃圾等物品，會馬上自空中掉下來。

那麼想要在無重量狀態下的太空船裡，測出鈑手或原子筆的質量，該怎麼做

*牛頓是國際制定的力學單位，將質量及加速度的單位相乘，即可得到牛頓和基本單位之間的關係。

呢？因為無法利用地球或月球的重力，所以需要其他的方法。

請參照【圖12】，利用橡膠做成的質量計來測量吧，這算是屬於彈簧秤的一種。使用方法是把想測量的鈑手或原子筆等物綁在橡膠繩的前端，然後拿著繩開始繞圈。離心力會讓橡膠延伸，質量較大的延伸得較長，質量較小的延伸得較短，延伸的長度與質量間呈一定比例。

不過要注意繞圈的速度，即使綁著的是同樣質量物體，但繞圈越快延伸得越長，反之則較短。**若想正確測量質量，就必須以相同速度來繞圈才行**。

我們平日使用的體重計、彈簧秤或隨意拿在手上秤重，所測得的其實是運作在質量上的重力。在缺乏重力的太空梭或銀河鐵路列車上想要測量質量，這個像玩具般的橡膠裝置可是方便得很呢。

接近光速，體重變為一公噸

討論質量的準備到這裡算是告一段落，現在就開始來談談相對論。

像太空梭或太空站這類頂多每秒跑數公里的慢吞吞交通工具，相對論效果也變得不顯眼，假若能在以接近光速前進的銀河鐵路列車上，時間變慢的效果就會相當顯著。

那麼如果在這種快速列車中，拿起橡膠繩來測量原子筆或鈑手的質量，會是怎麼樣呢？當然，對車內的觀測者來說，橡膠將隨著質量而延伸。假設延伸了十公分，當列車停下時並不會有什麼變化。無論你是否覺得很煩，我還是得再說一次：「依據相對性原理，在行進中列車裡所做的物理實驗結果，跟停止時所做的結果都會相同。」

倘若改從地球上來觀測，因為列車上的時間變慢，觀測到的繞圈速度也將變慢。不過橡膠延伸的長度，與車內觀測者所測出的十公分是相同的。這裡要注意的是，請讓橡膠繩繞圈的平面與列車前進方向保持垂直，這是為了要避免橡膠繩受到「勞侖茲收縮」*的影響，或者繩端所綁物體的速度與列車的速度產生了增減等現象。

---

*當物體高速運動時，觀測它沿運動方向的長度，會比相對於物體靜止時觀測的長度要短。

【圖12】橡膠繩製的質量計

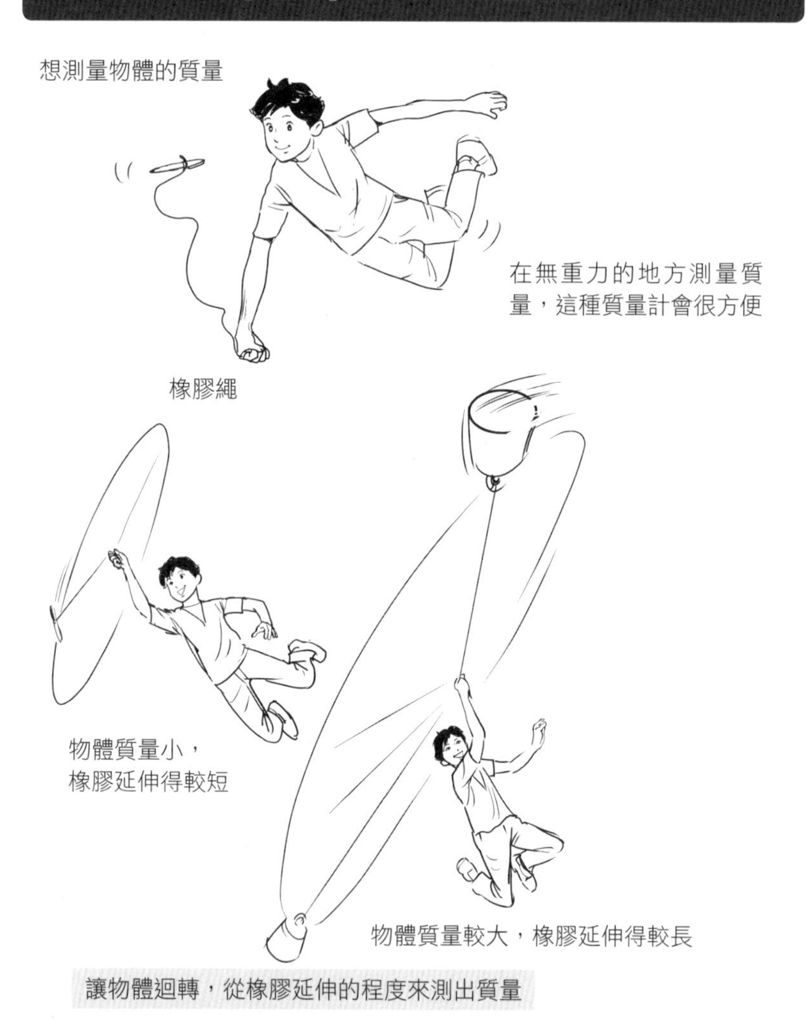

運用繞圈橡膠的延伸程度來測量。回轉數相同前提下，綁在橡膠繩遠端物體的質量越大，橡膠延伸得越長，如此不靠重力也能測出質量。

繞圈速度變慢，橡膠卻延伸得更長，這表示綁在繩頭的物體質量增加了。其實不只是該物體，對列車外的觀測者來說，**行進中列車裡的物體的質量，比起靜止時都會增加**。

Tips
移動中的物體質量會增加。

跟其他相對論的效果一樣，人們對平日生活中因為速度所帶來的質量增加，是沒有什麼感覺的。質量五十公斤的人搭乘時速一千公里的飛機，大約會增加二十毫微克*，改搭每秒十一公里的火箭，則大約會增加三十四微克。

質量增加現象最顯著的，是在速度幾近光速的列車中。當速度為光速的九十％時，質量的增加會超過一百公斤；光速的九十九％時則為三五〇公斤、九十九．九％時會是一公噸。

＊一毫微克等於十億分之一克；一微克等於一百萬分之一克。

【圖13】質量的增加

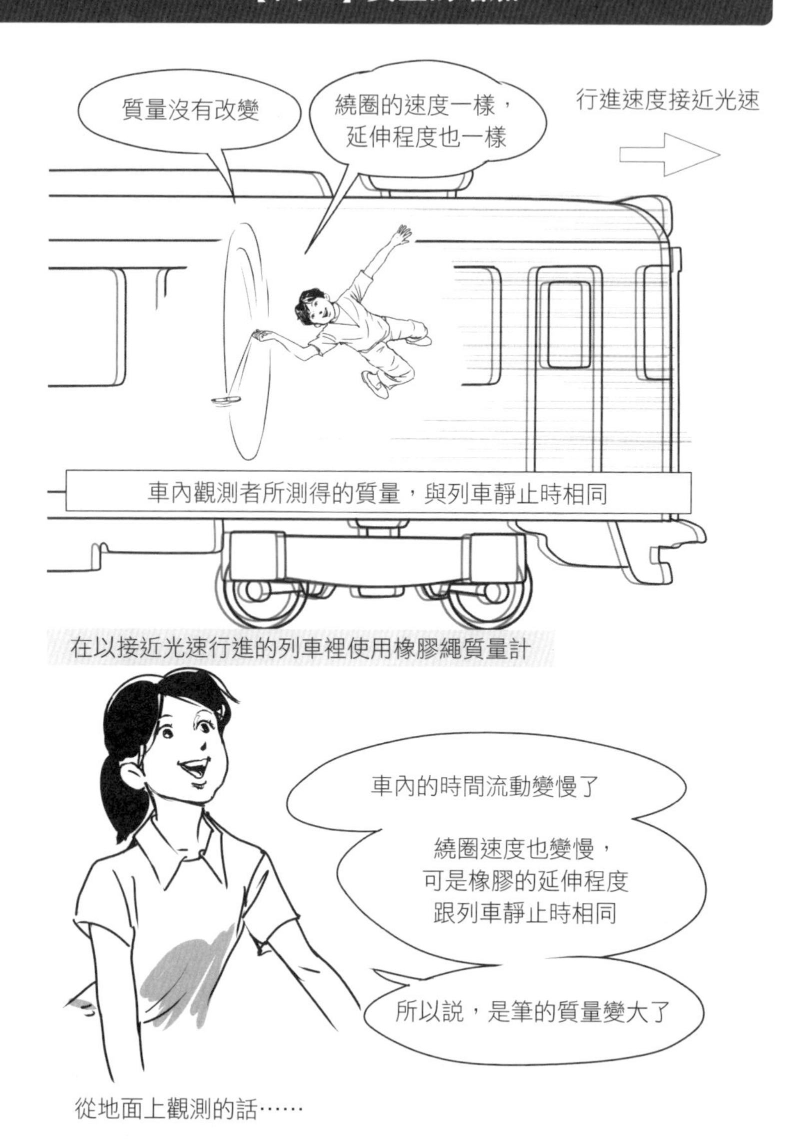
質量沒有改變
繞圈的速度一樣，
延伸程度也一樣
行進速度接近光速
車內觀測者所測得的質量，與列車靜止時相同
在以接近光速行進的列車裡使用橡膠繩質量計
車內的時間流動變慢了
繞圈速度也變慢，
可是橡膠的延伸程度
跟列車靜止時相同
所以說，是筆的質量變大了
從地面上觀測的話……

如同其他的相對論效果，**銀河鐵路的乘客們對於體重的增加，會像對時間變慢一樣地毫無知覺**。當列車的速度達到光速的九十九．九％時，對地面的觀測者來說，乘客們的質量已經超過一公噸重，卻依然能輕快地在車裡走動，而且不會察覺到列車是以光速九十九．九％的速度在前進著。只不過列車裡的時間也會慢到二十二分之一的程度，因此地面的觀測者大概也感覺不出上頭的人走路是很輕快而不受影響吧。

第2章

光速很快，但宇宙更大

宇宙中到處飄浮著的，幾乎都是一些幾乎以光速移動，或體積巨大到連光線都得花上很長時間才能橫跨的物體。

看起來這些物體似乎移動得比光還快，觀察所得的模樣也與實際上有所差異，如同是針對人類知覺所設置的各種小把戲。

雖然相對論的奇妙現象很吸引人，但即使不提相對論，還是能夠說明這些小把戲的來龍去脈。

往遠方望去，會看到過去

光速可說是現在所知，宇宙裡最快的速度，每秒高達二九九、七九二、四五八公尺，也就是約每秒三十萬公里。宇宙可是嚴格地遵守這個速限，無論再怎麼努力都無法超越這個速度。

你看到的太陽，是五百秒前的模樣

人類能夠做到的最高速度，是透過「粒子加速器」這種特殊裝置，對粒子進行加速所得出的，儘管已經有了光速的九九．九九九九九九九九九％，卻依然無法做到百分之一百的光速。

要達到一〇〇％光速，只有靜止時無質量的「物」才辦得到，光線就是其中的代表。其他像是「重力」也被認為以光速行進，但當今猶未能以實驗來證實這一點，也因此目前光線依然是速度紀錄的保持人。

每秒三十萬公里，相當於一秒繞行地球七圈半的速度，是非常驚人的數值。聲音在常溫下的速度約每秒三四〇公尺，只要靠人們的感官就有可能加以測量的。在數十公尺外地方敲釘子、打鼓或發射煙火的聲音，會比光線稍遲些才能到達；打雷時的雷鳴聲總是比閃電晚個幾秒才轟隆隆響起，只要把時間差乘上每秒三四〇公尺的音速，便能計算出雷電發生的地點與距離。

光速是音速的八十八萬倍，比生物反應的速度更是快上不知多少倍。在日常生活中，光速無限快到一般人都感覺不到，比方說眼睛所見到的景物其實是從光源處遲上一瞬間才到達的。除非光源到觀測者間隔著很長很長很長的距離，人們才有辦法感覺出光線要花上一些時間才能從發生位置抵達我們眼前，而來自宇宙中的光線正是如此。

例如，月光到達地球需要花上一．三秒；陽光到達地球的時間約五百秒，假如一旦月球或太陽突然發生了變化，這種狀況要傳達到地球表面最快也得花上這些時間才行。換言之，**我們所見到的月亮其實是一．三秒以前，太陽則是五百秒之前的形態**。

不過肉眼可見的月球和太陽的急遽變化幾近於無，五百秒前的太陽與未來的太陽看起來也差不了多少，不適合用來實驗證實光速是有限的。

正在發生的事，無從得知

宇宙很遼闊，若說月球或太陽猶如地球的眼睛與鼻子，那麼整個宇宙的大小就要往很遠很遠的地方一直望去。在廣闊無際的宇宙裡，透過許多天文現象讓我們能清楚地知道，光速其實是有限的。

想要對應廣大宇宙裡所發生的事，以及存在其中的物體，僅以公里這樣的尺規是不夠的。用來測量宇宙的單位有好幾種，在這裡我們要使用的是「光年」，**一光年代表光線行進一年的距離，約為十兆公里**。

透過望遠鏡眺望數個、數千或數萬光年之外的宇宙，可以看到星球、星系或其他天體，從這些天體所發出的光線會歷經數年、數千或數萬年時間跨越宇宙空間到達地球，經由望遠鏡折射到眼睛網膜裡的視神經，如此人們才得以看見這些天體的模樣。

如先前所提過的，**人們所見到的天體是「過去」的樣子**，天體很可能因為爆炸或移動，早已不在原先的位置了。我將會在後面幾章說明，宇宙還在不停地膨脹擴張著，從望遠鏡裡所看到的銀河也在遠離著我們，所見到的銀河確實已經移動到比當下更遠的位置了。

同時在望遠鏡裡看到一萬光年外與一億光年外的天體，前者是一萬年前而後者則是一億年前的模樣。假設這些天體都與地球一樣，擁有著相似的歷史進程，那麼一萬光年以外天體上的居民，應該已經開始畜牧或農耕生活，而在一億光年外的天體上，大概可以看得到恐龍吧。

這就是「光速極限」所帶來的第一個效果。

Tips 看著宇宙遠方，所見到的是過去的模樣。

第二個效果是，無法得知在宇宙的遠方當下正在發生什麼事，也看不出遠方天體現在的模樣，若等不到光線從遠方到達地球，我們根本無從看得見宇宙遠方任何的樣貌。

不只是光線而已，運用任何的傳遞手段都無法縮減這段到達時間，因為任何傳遞的速度無法超越光速等級。例如，離我們五百光秒遠的太陽，此刻正發生什麼事情我們完全一無所悉，即便真有外星人不宣戰就開始攻擊，以巨型光束砲或近乎光速的砲彈已經把太陽打個粉碎，地球上的人們也得要等五百秒後才能察覺，在這之前地球還是一樣沐浴在太陽光底下，也依然受太陽重力的影響，繞著太陽的軌道上行進著。

Tips

無法得知宇宙遠方，「現在」發生了什麼事。

像是超新星爆發、伽瑪射線暴或閃焰等等的天文現象，幾乎每天都在人們頭頂上的宇宙中上演。爆發或閃焰等聽似動靜很大，對我們來說只不過是夜空裡明亮的一個紅外線光點，或是只能讓檢測儀器發出聲響，對人畜無害的天文現象罷了。

【圖14】往宇宙遠處望去，只會看到過去的模樣

會在意這些現象的，大多是天文學研究者或對此有興趣的人，當提到這些天文現象時，會以「一九八七年爆發的超新星」或「昨天發生的閃焰」來稱呼。

雖然這些其實只是「數十萬年甚至是數十億年前」發生的事，人們卻不會用「十六萬八千年，距今二十八年前爆發的超新星」，「一百億年前及一天前發生的閃焰」的這種方式來命名。對於宇宙裡發生的各種事件，通常都是將其到達地球的時點當作發生的時間，而這也是因為我們不清楚此時在遠方究竟發生了什麼事情的緣故。

宇宙中的煙火大會

在夏日夜空裡燃放的煙火，色彩繽紛的火花伴隨著爆響聲，呈現出同心圓狀擴散開來，每一朵火花都是燃燒著的火藥顆粒。爆開來的每一群火花，會均衡地散布成立體的圓球形狀，從任何一個角度來看，都會見到平面狀的圓形。

實際上，火花群是受到重力影響而朝著地面加速，每一朵火花都會描繪出一條拋物線，也因為全體火花同樣受到重力加速度的影響而繪出拋物線。於是全體保持著球狀的外觀，地面上的觀眾則看到同心圓的形狀，這在力學方面是個很有意思的議題。

其實，**宇宙中到處都有著規模大小不一的各種爆發現象**。

例如質量較大的恆星核心，最終會變成「中子星」或「黑洞」等高密度物體。在激烈變化的過程中，恆星外層的部分會剝離飛散宇宙空間裡，我們稱之為「重力塌縮型的超新星爆發」，**這可是宇宙中最大型的煙火**。

另外，有些恆星在特定條件時，內部的核融合反應會失控，導致恆星全體不留痕跡地爆發散失，這稱為「核反應失控型超新星爆發」。

雖然沒有超新星爆發那般的大規模，太陽在活動期時也會發生「太陽閃焰」的現象，由質子或電子等粒子組成的暴風吹襲在太陽系裡，當這個暴風吹襲到地球時，將引發電波障礙或產生明顯的極光現象。

藉著爆發，星球碎片四散在宇宙的空間裡，就像是宇宙裡的煙火一般，不過這樣的宇宙煙火規模遠遠超過夏天的煙火大會，所產生的碎片以驚人速度飛越宇宙，甚至達到接近光速的程度。這些以近乎光速擴散的宇宙煙火，看起來是什麼樣子？是否跟地球的煙火一樣，像個對稱而均衡的球形？

看起來大致上會呈現同心圓狀，也就是平面的圓形，但在縱深部份跟夏天施放的煙火不太相同。如同先前所說的，藉著光來觀察物體，離觀測者較近的物體顯現的是最近的模樣，而遠方物體則是過去的樣子。

根據這樣的效果，在宇宙空間以球形綻放的煙火前端，也就是靠近觀眾的這一側，會是從爆發後隨時間經過而變大的火花；而在對側，離觀眾最遠的一端，所呈現的是火花過去的模樣，也就是剛爆發時的小火花。

請參照【圖15】的說明，圖中的宇宙煙火被上下拉得有點橢圓狀，這是把已經擴散開的火花跟剛剛爆發所合成起來的示意圖。真實的宇宙煙火本身是呈對稱的球狀在擴散，並不會發生從上下被拉成橢圓的情況發生，不過觀眾所看到的卻會是如圖所示的橢圓形。假設火花的速度是光速的二十五%，而觀察者位於右側，這個橢圓狀火花所散發出來的光，會同時到達觀察者的眼裡。

Tips

雖然是圓形，但看起來會是從遠近兩端被稍微擠壓、表面不平順的形狀。靠近的一端，火花的密度較疏，遠端看起來則較為密集。近端的火花是爆發後一段時間的火花，遠端的火花則是剛爆發時的樣子。

超新星爆發是宇宙中最大規模的煙火，火花般散放的物質速度大致達到光速的幾個百分比程度。【圖15】看起來被拉伸得有些多的形狀並不常見，不過當要觀察宇宙裡像超新星這一類爆發現象時，還是有必要預先瞭解會比較好。

【圖15】觀察宇宙中的煙火

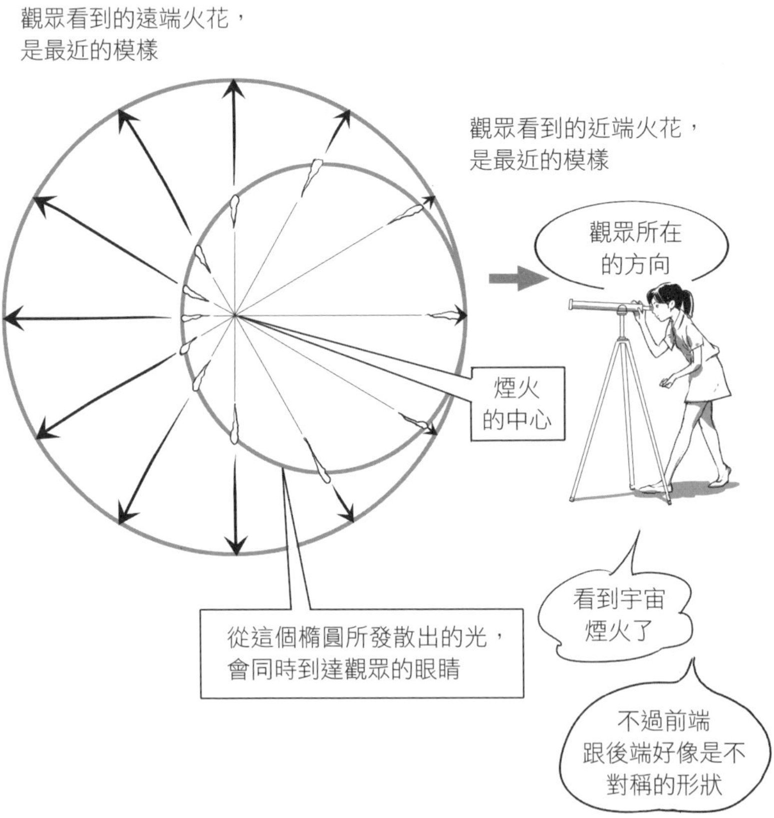

怪異的宇宙螺旋噴流

呈現球狀擴散的宇宙煙火，即使剛剛提過被拉得有些變形，但從縱深方向還是很難一眼分辨出來。球形原本就是擁有高度對稱性的形狀，就算被拉了之後大致還是能夠維持住球形。

如果不以球形而改以螺旋狀的物體為例，當物體接近光速在移動時，馬上就能看出形狀已經產生了變化。實際上真的會存在這種怪異的物體嗎？答案是確實如此！廣闊無垠的宇宙實在相當偉大。

【圖16】是來自SS433號天體的電波照片示意圖。

SS433天體所發出的高溫物質噴流，從中心部位分別向左右兩側以光速的二十六％噴發而去，就像從水管裡噴出的水流那樣，高溫物質形成較細的噴流向宇宙飛去，只不過噴射出去的不是水，而是二百萬度的高溫物質，達到四分之一光速的相對論性速度。

【圖16】噴流天體SS433的電波照片

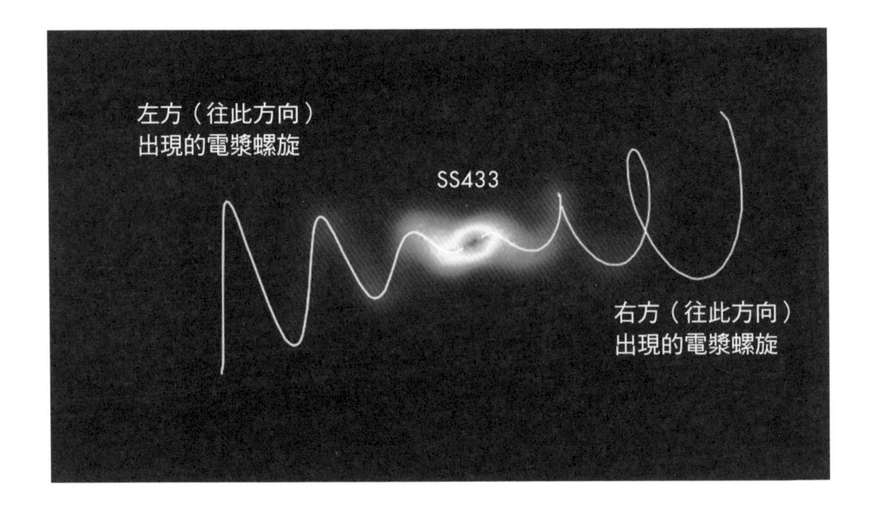

由中心部位往左右兩側噴出的高溫物質噴流（圖中朦朦亮的部分），曲線顯示的是物質的位置。因為噴流速度高達光速的26%，可以發現左右兩側的螺旋形狀並不相同。

高溫物質以相對論性速度噴發的天體現象，被稱之為「相對論性噴流」。相對論性噴流有各種不同規模，從全長橫跨數十萬光年的銀河級規模，到和我們太陽系般大小規模都有。其中也有如SS433天體的噴流，是一種有著連續噴發或歲差現象等各種特殊性質，而且從我們的銀河系裡就很容易觀察到，也因此成為許多研究家的對象。

SS433噴流的第一個特徵是為期一六二．五日的歲差。這裡的歲差指的是，像陀螺的轉勢變弱時迴轉軸出現搖搖晃晃的現象，而SS433的噴流噴射方向就像陀螺的迴轉軸一樣地搖晃著，就像拿著水管轉著圈噴水所繪出的圓圈一樣。**SS433噴發的高溫物質以螺旋狀地飛向宇宙，呈現直徑接近一光年，像是紅酒開瓶器的金屬螺旋狀的構造。**

為何SS433會噴發出電漿來呢？又為何噴射方向會有歲差的存在？至今人們仍然不清楚。噴發出的物質在電波照片上看起來是朦朦亮的模樣，如同【圖16】所呈現出的白色螺旋曲線，我們可以看出往右方噴出與往左方噴出的螺旋形狀並不相同。

若以日常可見的一般速度移動的物體來說，左右兩側的螺旋應該是對稱的。從這巨大螺旋遠端發出的光線，得要多花上幾個月才可以到達，在這期間螺旋的扭轉形狀將變得更明顯些，可以看得出左右兩側螺旋程度的不同。

瞬影移動的可能

丹部長邊嘆著氣，說道：「大概在九個月前，天琴座跟天鵝座之間出現了一個怪異到超乎想像的物體……。」

「天琴座跟天鵝座之間……？」他朝著天空望去，問道：「距離呢？」

「不到五．八光年……已經很近了！」

在《虛無迴廊》*一書裡，出現過這個來自外星球超級技術所建造的巨大宇宙建築物，這個「全長二光年、直徑一．二光年，像個茶葉罐般的物體」在距離地球五．八光年的遠處突然出現，卻又一下子消失得無影無蹤。

如果真的發生這種事的話，地球人對整件事應該都會感到震驚吧！而對於不

*作者為小松左京，德間書店一九八七年出版。

知道相對性理論的伽利略而言，他最感吃驚的會是哪一點呢？

「應該是瞬間移動最讓人驚訝吧。」其實不然，若長達二光年、直徑一．二光年的物體，藉著外星人的「瞬間移動」技術被送過來的話，看起來也不會是「突然出現」，而是得花上一到二年，慢慢地顯現出來才對。若真的是「突然出現」，伽利略應該才會覺得驚訝。

沒人知道「瞬間移動」現象究竟是怎麼回事，即便書中曾提及「茶葉罐瞬間移動過來了」，不過作者並沒有仔細說明這個部分。

暫且就先假設茶葉罐瞬間移動到了五．八光年外的地點。當茶葉罐移動時，各部位的時間與地球時間會產生差異，如此會變得過於複雜，所以先假設對地球而言是靜止的吧。

茶葉罐送到後經過五．八年，光線才會到達地球，地球人終於能看到茶葉罐的樣子，一開始看到的是接近地球的這一端，依茶葉罐擺的方向而定。若最遠的一端離地球有七光年距離，那就得等上七年才能看到遠端，也就是說要經過七年才能一窺全貌。從一開始看見茶葉罐後的一到二年間，茶葉罐看起來會是少了一大半的樣子，你可以參照【圖17】。

就算這個茶葉罐又瞬間移走了，從靠近的這一端開始消失到遠端消失為止，還是得花上一到二年才行。好玩的是，當物體消失前的這一到二年間，茶葉罐裡的樣子早被看光光了。

請想像一個物體，不管是茶葉罐或雞蛋都好，罐子裡的茶葉或雞蛋裡的蛋黃所發散出來的光，或物體內部發散的光，「通常」都會被茶葉罐壁或蛋殼或物體內部給阻擋，而無法到達外頭的觀測者。

可是一旦物體「瞬間移動」消失，像茶葉罐壁或蛋殼等能阻擋光線的物體便不存在了，光線不受阻礙地奔馳在宇宙中。就這樣，雖然只限於在光線橫切過內部的短暫時間裡，觀測者依然可以看見茶葉罐內部的茶葉，雞蛋裡的蛋黃或物體內部的樣子。

「怎麼可能存在這種物體啊！」就別再抱怨這本小說了，這個茶葉罐可是運用外星人的超級技術給製做出來的，即使有違我們的物理常識也是沒辦法的事，說不定這個茶葉罐就是為了製造地球人的困擾也說不定呢！

【圖17】少了一大半的茶葉罐

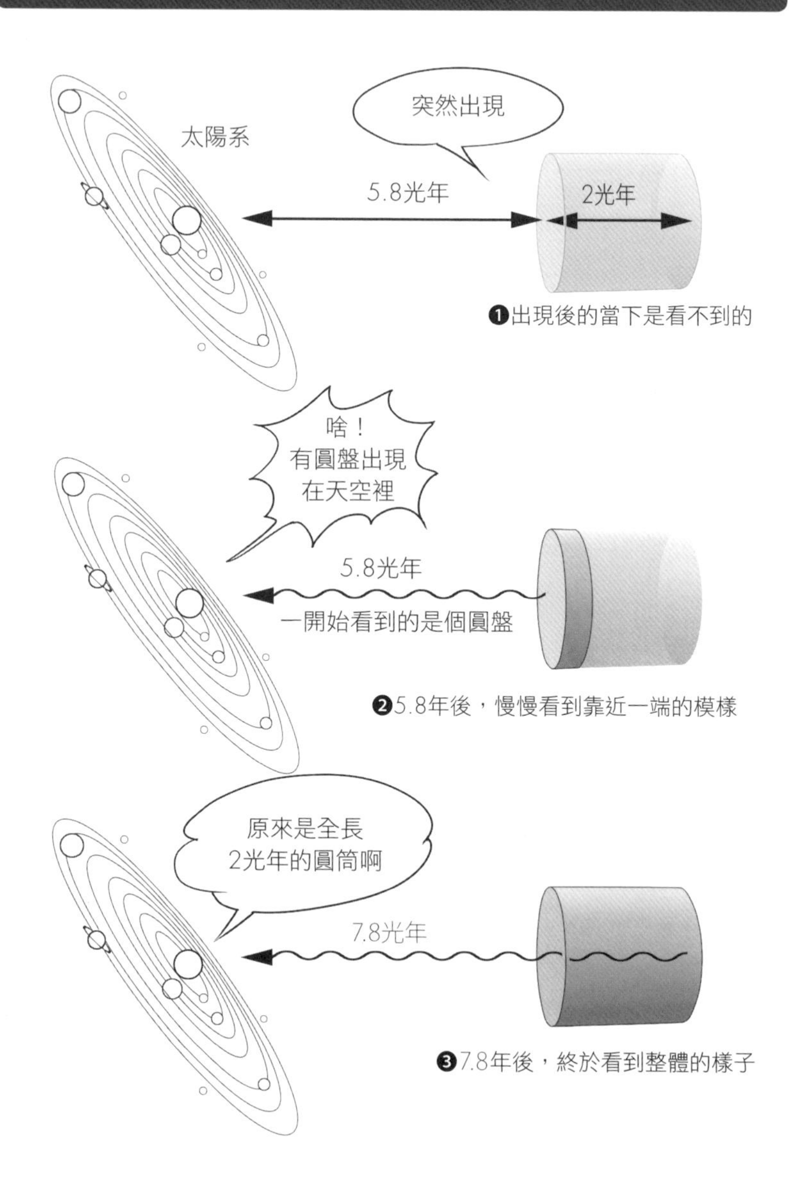

讓我總結一下吧。

宇宙中有著數光年到數百光年的巨大物體，**想要突然現蹤或瞬間消失，或者啪地一下發個光就變形之類的事是無法辦到的**。這類物體的變化要花上數年到數百萬年才會被地球上的我們觀察到，並且不僅是觀測而已，即使是現場也一樣要花這麼多時間才行。

Tips

巨大物體無法產生瞬間的變化，一光年大小物體的變化時間就是需要一年。

【圖18】瞬間消失的雞蛋，裡頭全被看見

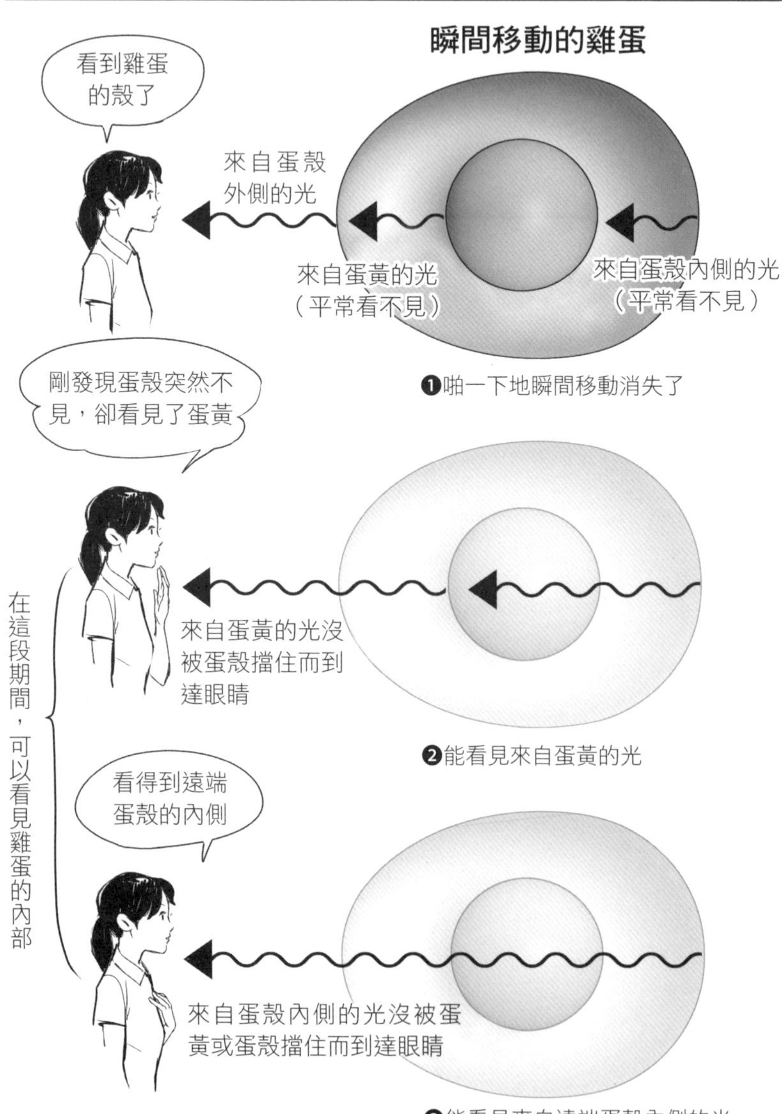

超光速運動現象

要測量跑一百公尺的時間，看到跑者起步時壓下碼表按鈕，直到他抵達終點時再按下停止鈕，不管測量者站在起點或終點，測量方法都是一樣的，不過這個方法只能適用跑者的速度比光線慢上許多許多的情形下才可行。

若要為速度接近光速的跑者進行測量的話，就必須將起跑時的姿態與到達終點時的壓線姿態，傳達到測量者的時間也一併考慮在內，不這麼做的話，就會發生對跑者能力做出過大或過小的評價之虞。

倘若這位接近光速的跑者是往測量者遠離，也就是測量者站在起點，用眼睛測定的奔跑時間會比實際來得久，測出來的速度會比較慢，那是因為當跑者抵達終點壓線時的動作傳回測量者後按停碼表。你可以參照【圖19】，跑者以接近光速奔跑時，眼睛看到的只有約光速的一半而已。

而當跑者以接近光速向測量者跑來，也就是測量者站在終點的情況下，跑者

【圖19】接近光速奔馳著的跑者

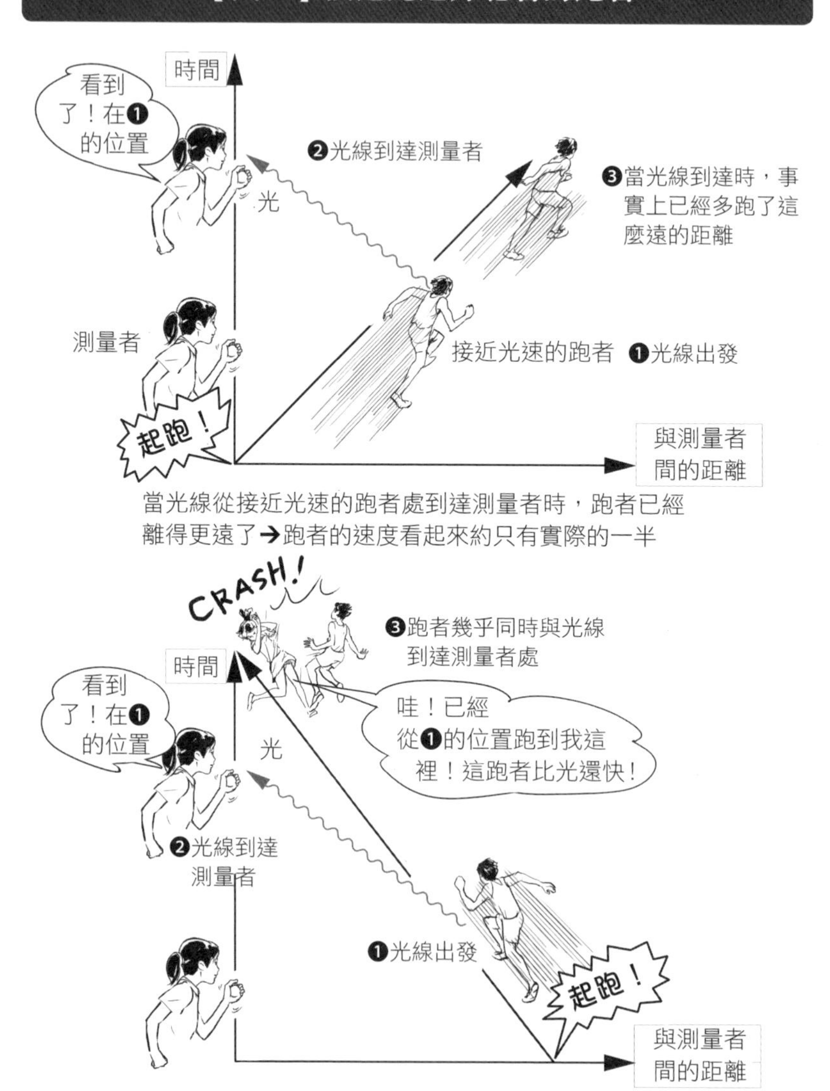

當光線從接近光速的跑者處到達測量者時，跑者已經離得更遠了➔跑者的速度看起來約只有實際的一半

⇨ 以接近光速奔馳的跑者發出的光，與跑者本人幾乎同時到達測量者處➔跑者看起來像是瞬間從❶的位置移動到❸的位置

起跑時的姿態與跑者自身幾乎是同時到達測量者。從測量者看來，起跑後跑者馬上就到達終點，跑者的速度看起來會比實際上來得快。像這樣因條件設定不同，產生看起來像是超越光速的情況，稱為「超光速運動」。

「超光速運動」是基於跑者與測量者之間的位置關係所產生的外觀現象，宇宙煙火看起來有所變形也是同樣的原因。宇宙煙火的火花會朝各方向飛散，向我們而來的火花就會發生超光速運動現象。

Tips

遠離的物體看起來較慢，迎面而來的則比較快，在特定條件下會看到超光速運動現象。

超光速運動並非相對論的效果，所以伽利略應該明白這個道理，能將影像到達眼睛所需的時間計算在內，算出正確的速度。實際上，有時連宇宙物理方面的專家，也會誤把超光速運動當成是相對論效果。

宇宙裡有很多像是電漿砲一樣的天體，會發射出接近光速的電漿彈，在這些

【圖20】噴流天體GRS1915+105，以光速92%所噴發的物質

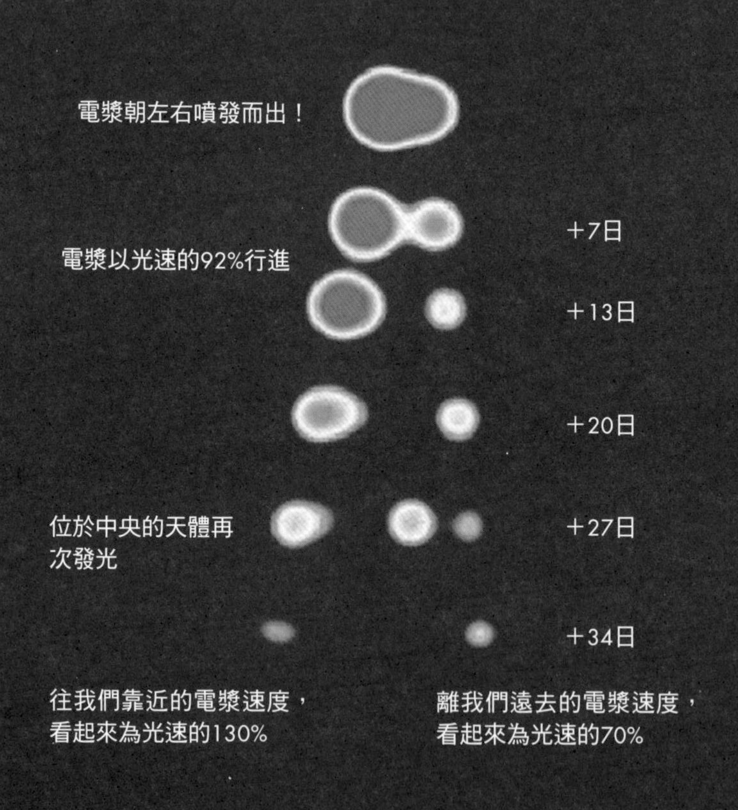

向左側（迎面而來）噴發的電漿看起來達到光速的130%
向右側（遠離而去）噴發的電漿看起來僅光速的70%

[NRAO/AUI/NSF]

噴流天體當中，威力較強的能把電漿發射到銀河系之外，較小型的也會在人們觀測時陸續地噴發出電漿彈，先前提到的SS433就是這類噴流天體的一員。【圖20】所登載的就是噴流天體所噴發的電漿，產生看似超過光速以上現象的「超光速運動」。

收縮變小的太空船

「勞侖茲收縮」是運用狹義相對論所導出的奇妙相對論效果之一，簡而言之就是，**移動物體的長度，由靜止的觀測者來測量，在其移動的方向上會縮短**。

因為移動著的尺規會縮短，移動著的時鐘會變慢，所以移動著的人測量光速並不會有所變化。第一個推導出勞侖茲收縮公式的人是科學家亨德里克・勞侖茲（Hendrik Antoon Lorentz），如果覺得名字太長不好記的話，我可再介紹另一位科學家喬治・費茲傑羅（George Francis Fitz Gerald），所以這個公式也有人稱為「費茲傑羅・勞侖茲收縮」。

勞侖茲收縮是非常著名的相對論效果，在討論相對論的書中都會出現，不過勞侖茲收縮的效果看起來會是什麼德性，科普書或教科書多半不會提及。說明勞侖茲收縮時，一般會搭配縮短了的列車或太空船插圖，這也讓讀者誤解為接近光速的列車或太空船看起來就是這副模樣。

如【圖21】所示，當人們從側面來觀察以接近光速行進的太空船時，實際上看來會像迴轉過來以船的尾端向著我們，但正確說來也不完全是迴轉過來，而只是遠望時難以辨別。以光速七十％前進時，迴轉的角度是為四十五度，並非看起來整體縮短了的模樣。

為什麼太空船看起來會以尾端朝向我們呢？請參閱【圖21】說明，當速度未達光速時，從尾端發出的光線無法向前方而去，也就無法到達觀測者的眼睛。

然而，當速度接近光速時，從尾端發出的光線不會被太空船自身所阻礙，可以往前射入觀測者眼中，在前方的觀測者，就能看到太空船的尾端，再加上側面的勞侖茲收縮效應，於是太空船看起來就像是迴轉過來了。

Tips

移動的物體會產生勞侖茲收縮現象。

與其說物體收縮，倒不如說像是迴轉過來的樣子。

【圖21】為何能看見移動中太空船的尾端

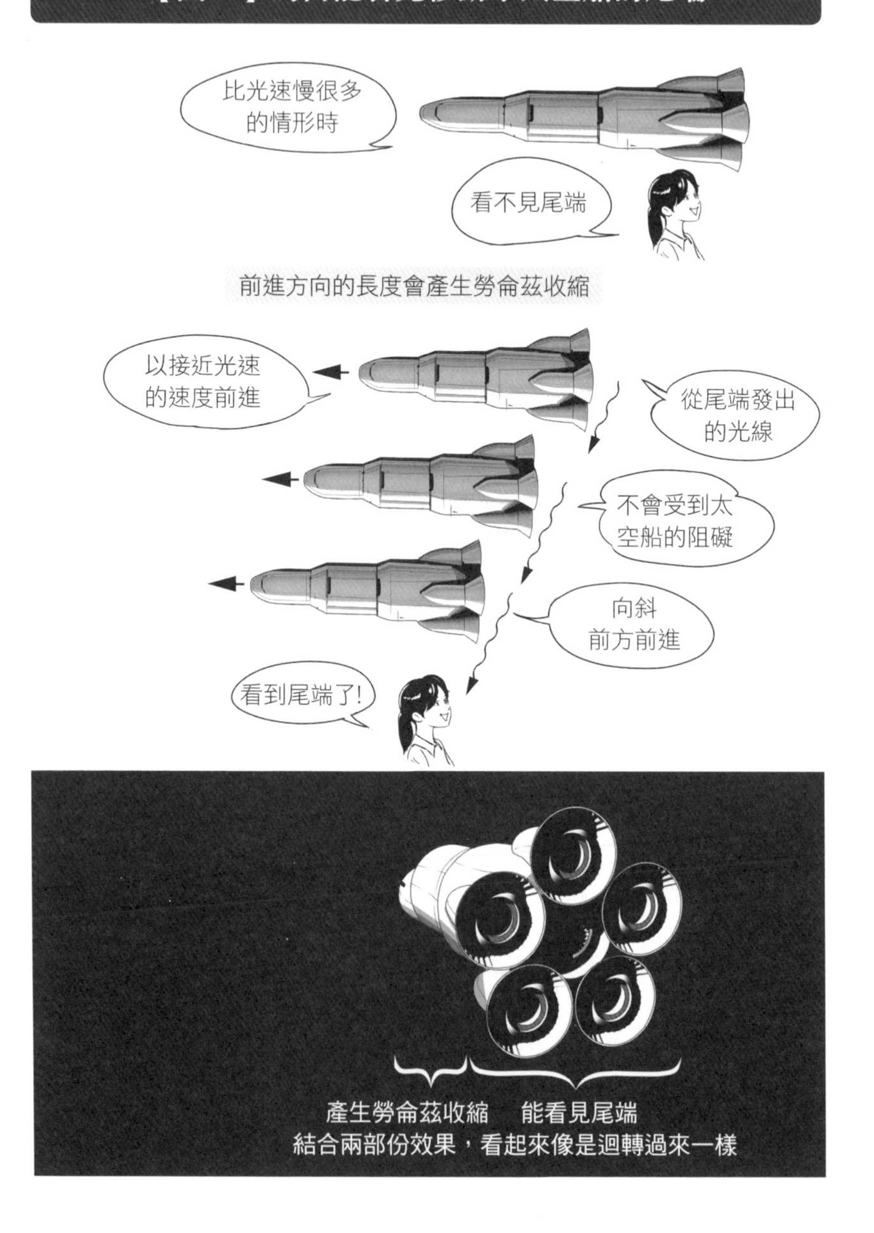

第3章

扭曲的宇宙空間

本章的主題是空間。廣義相對論裡的時間與空間都能伸縮彎曲和扭來轉去，這種現象無論怎麼說明，一般人在想像時還是有著不小困擾。

要理解廣義相對論，拓撲學是不可或缺的，然而科普書或教科書對此通常會視而不見或冷淡處理。請在大腦裡把二維空間或三維空間拉來扯去，一起試著學習「拓撲學」吧。

接下來要用一整章來介紹拓撲學，不過還是不會用到公式而是從本質上來理解，只是篇幅會有點侷促。同樣依照科普書的傳統，請二維世界裡的居民們出場來為我們解說。

宇宙的限制

二維人的片夫先生：「我是來自於二維宇宙的片夫。」
三維人厚子小姐：「我是三維宇宙的代表，來自地球。」
片夫：「我的宇宙就像桌子的表面一樣，是沒有厚度的。我自己也像桌面上的塗鴉，完全沒有厚度的存在。」
厚子：「從上方看就能看到裡頭了耶，咦～～那是錢包吧！」
片夫：「在二維宇宙裡沒人可以從上方來看，所以不用擔心偷窺的問題，錢包也不會被偷走。」
厚子：「沒辦法離開表面往上方移動嗎？」
片夫：「在我的宇宙裡，只有直、橫和斜這幾種方向而已。」
厚子：「那麼從二維宇宙裡看我，會是什麼模樣呢？」
片夫：「妳是布包著的橢圓形。」

厚子：「啥？」

本章有點突兀地採用會話型式做為開場，介紹二維及三維世界的居民，如同科普書的習慣，解說維度時多會從二維人先開始談起。

請你想像一下，如輕薄透明紙張一般的世界的模樣，只要在紙上用筆就能描繪出的生物，二維世界居民就此誕生。並且，要記得是使用透明的紙張來畫，因為若是不透明紙，那麼畫在正反兩面的物體便會不一樣。沒有正反面的區別，畫在正面的二維人，才能夠接觸得到畫在反面的物體。

要表達這個世界生物的位置或行動，只需要縱向和橫向的兩項數值，例如「我住在從這裡往東十公尺，再往南三公尺處」，僅要這麼說就足夠了。

像這樣靠兩個數值來定位事件或場所，就稱為二維空間*。我們平常不會用

*為避免混亂，此處的「二維空間」並非真正二維度，而是加了時間的三維度時空。實際上要精準表達這種時空裡的事件，除了縱向橫向之外還要指定時刻。例如：「我跟厚子小姐是在『三年前』，從這裡『往東十公尺』，再『往南三公尺』處碰面的。」

「空間」來稱呼這種沒有厚度的紙張，但在數學上對此則慣稱為「空間」，或者是「流形」。

住在二維空間裡居民們，在生活上有著奇妙的限制，而這是三維世界裡的人所沒有的。二維居民不能往上方移動，無法從圍籬的上方窺探庭院內，更別說要跨越圍籬入侵；二維世界裡的金庫，即使四周包得密不透風，上方卻是毫不設防，三維人可以輕易地從裡頭拿走錢幣或秘密帳簿。二維人大概會覺得，這是難以想像的密室犯罪吧。

對於只能感知二維空間的二維人來說，他們對於三維空間的物體的理解，又會是什麼樣子呢？

你可以試想一下，我們所居住的三維空間裡放入一個二維空間，並把它放在與人體上下垂直的位置。身為二維人的片夫先生所看到的人體，就會是橫剖面所呈現的橢圓形，只不過有衣服包在外頭，沒辦法直接看到橢圓形的人體。同樣的道理，如果二維空間跟人體交錯的面偏轉一下，那麼橢圓形的大小跟形狀就會立刻產生改變。

【圖22】二維人與二維宇宙

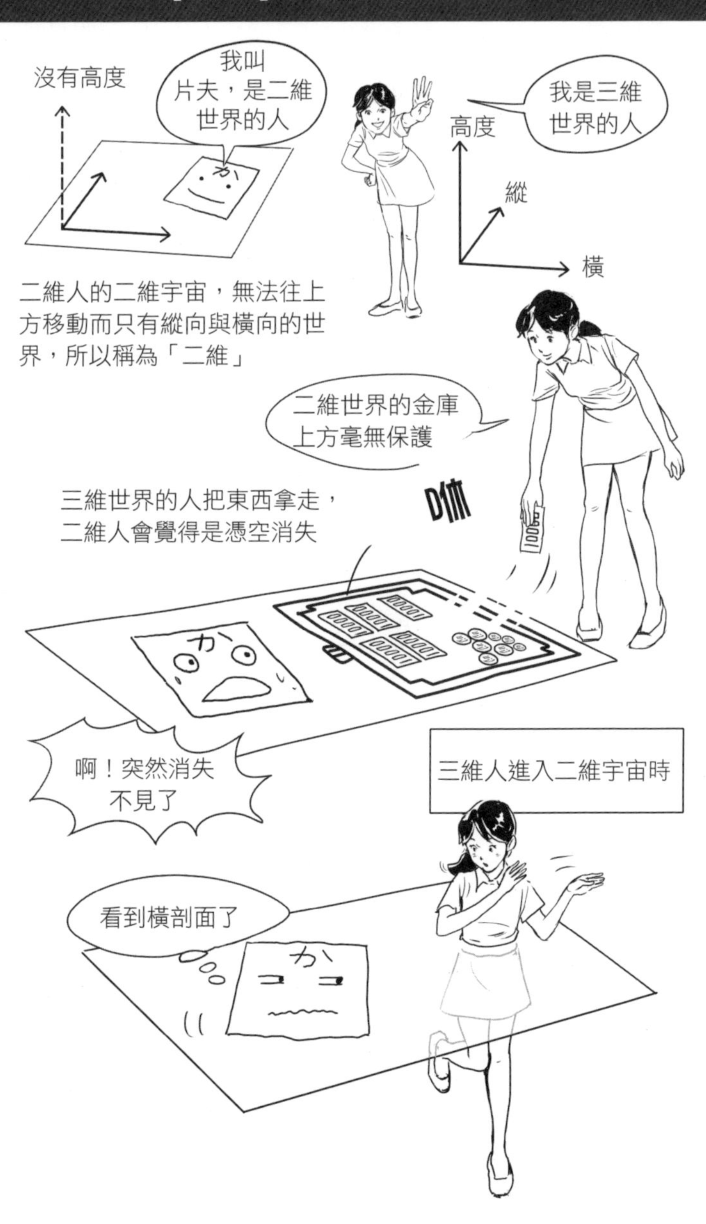

然而這樣的二維空間，「實際上」並不存在。這只是藉由這種二維空間的性質，讓我們對自己所居住的三維宇宙有更進一步的瞭解。舉個例來說吧，其實並不存在無限延伸的直線或無限延展的平面，然而透過「幾何學」這種研究直線或平面性質的學問，我們得以更清楚明白現實存在的物體。

接下來，就讓我來談談「拓撲學」，這種研究二維或三維空間特性的學問。

太空中的甜甜圈

片夫：「來講講我故鄉二維宇宙的事吧。」

厚子：「好啊，說來聽聽。」

片夫：「我的故鄉雖然有些限制，卻是無邊無際的。」

厚子：「有城牆之類的嗎？」

片夫：「沒有。」

厚子：「喔！」

片夫：「因為沒有邊際，不管是東西向或南北向，往哪邊前進都不會碰上牆壁或是邊界線。」

厚子：「那麼不就跟有邊界的黑白棋盤或圍棋盤不太一樣呢！」

片夫：「不過限制還是有的，如果一直前進的話，就會回到原先的位置。」

厚子：「啊！地球不也是這樣嗎?!」

讓我們來思考一下片夫先生的故鄉是個怎麼樣的宇宙吧。從他的話中可以知道，那個二維宇宙還是存在著限制，向東方或南方持續前進的話，就會回到原本所在的位置。乍聽時會馬上聯想到，這不就是球體表面！對於住在地球的人們來說，把這種情況聯想到如地球表面般的球體，就很容易理解。

但是，往東西向或南北向前進終會回到原點的二維宇宙，不僅僅只能是球面，還有其他的類型。

讓我們來製作一個符合片夫先生描述的空間吧。請參照【圖23】準備一塊方型、可伸縮材質的布，先把南北兩側黏貼起來，再將東側與西側也黏貼起來，會是個「甜甜圈」的形狀，或者稱為「環面」（torus）。

在這個環面上，二維人往東直直前進，最後會回到原點，而往南前進也是一樣，而且向東的路徑與向南的路徑不會交會。若是球面，往東與往南而去的兩個探險隊，將在地球的另一側碰面，這是「球面」與「環面」極為不同之處。

請參考【圖23】製作環面的方法，攤開的方型布先在互相貼合的兩側都做好三片形記號，會很清楚瞭解如何地由方型轉變成環面。若能直接描繪在展開的方

【圖23】環面的製作方法

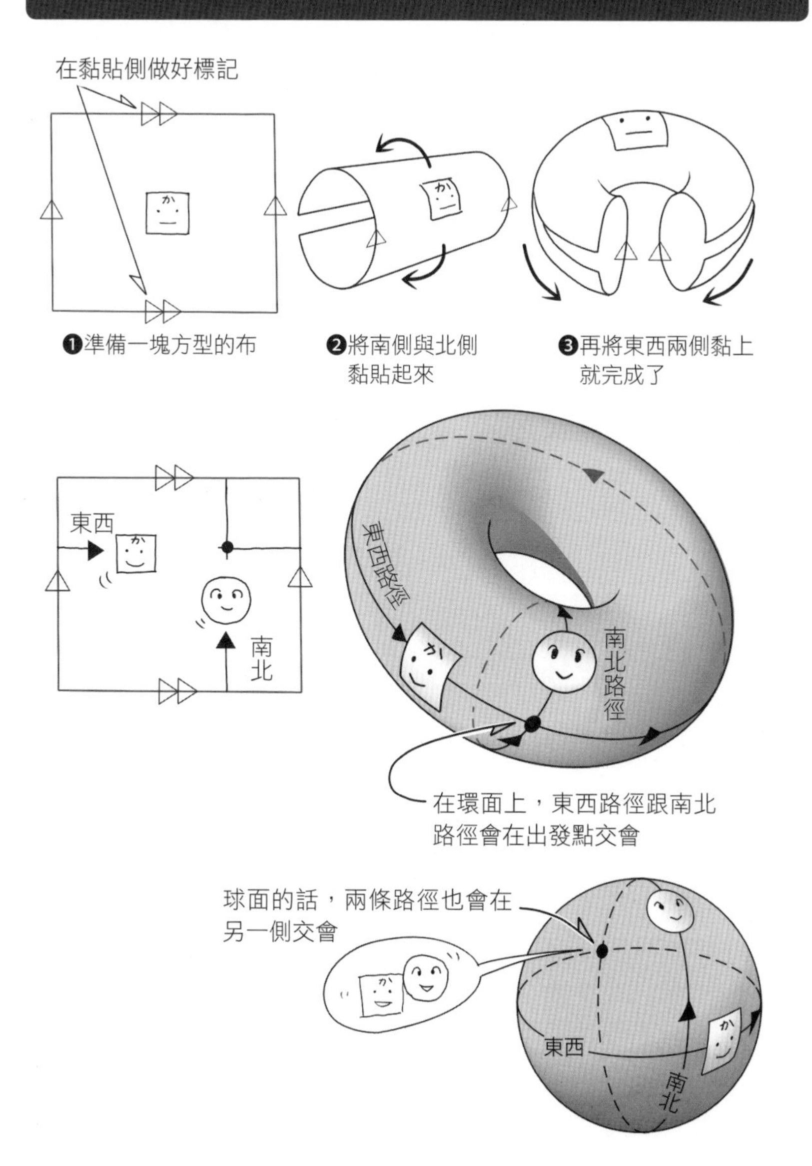

在黏貼側做好標記
❶準備一塊方型的布
❷將南側與北側
黏貼起來
❸再將東西兩側黏上
就完成了
東西
南
北
東西路徑
南北路徑
在環面上，東西路徑跟南北
路徑會在出發點交會
球面的話，兩條路徑也會在
另一側交會
東西
南北

型上，當然會比在環面上輕鬆許多，而且以後還能派上用場。

除了輕鬆之外，另外還有個好處，當立體圖形無法描繪出來時，展開圖便能派上用場。以展開圖形來表現環面時，原先在立體環面表面移動著的二維人，會變成是在展開圖內移動。當移動到展開圖內的任一端時，將立刻出現在相對側的那一端。

厚子：「做出環面來看，果然真的是無邊無際，沒有牆壁也沒有界限呢！像環面這樣有限制的二維宇宙，所有位置都一樣，沒有哪邊是特別的。」

片夫：「像這樣到哪都無差別的空間，的確都是一樣，環面就是這種空間。」

厚子：「我出生的三維宇宙，應該也是一樣的吧。」

片夫：「如果說，厚子小姐故鄉的三維宇宙，其實就像這環面的三次元版本，那會怎樣呢？」

厚子：「怎麼可能?!……管它的，也沒什麼大不了的。」

哆拉A夢的任意門

片夫：「乍看之下，這是一個立方體的房間，但實際上卻是用三維空間黏貼而成的環面空間，請你看一下展開圖的樣子。」（請參照【圖24】）

厚子：「前後左右地板跟天花板都設有門耶。我開門看看……喔！隔壁的房間也一模一樣，片夫先生不僅在房裡，還在我後頭！」

片夫：「我並沒有移動，而是厚子小姐從左邊的門出去並且從右邊的門進來了。」

厚子：「這是哆拉A夢的任意門嗎？」

片夫：「嗯，有類似的感覺。從前面出去會變成從後方進來，往上升會變成從下方出現。」

厚子：「雖然可以用伸縮材質的布來實際製作二維的環面，但可沒辦法做出這種房間了。」

片夫：「這跟任意門還是有些不同，房間牆壁跟另一側的牆壁緊密結合，大門之外的牆面一旦毀了，對面的牆也會跟著破掉。」

厚子：「那麼如果把牆壁重新裝潢，天花板跟地板也都移除的話，會是怎樣呢？」

往前看，是自己的背影

讓我們來見識一下三維的環面空間吧。從那邊的門離開會從這邊的門進入，要在我們的宇宙弄出這種整人房間是不太可能的，這得要靠展開圖和各位讀者的想像力了。

進入三維環面空間後，你可以環顧一下周圍，會在上下左右各個方向看見，無數排列得整整齊齊的自己正在環顧著四周。這有點像是窺看面對面擺著的鏡子的感覺，但又有些不同，**這裡看不見朝著自己的臉，而是全部都為背影**。

若是朝著自己的背影投球的話，會怎麼樣呢？應該會發覺有人正朝著自己的背投球過來，假如你的運動神經夠好，投完球後還能馬上轉身，把自己投出的球

【圖24】三維環面

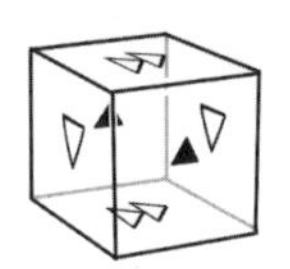

三維環面空間的展開圖

把它切開貼上後，做出這樣的房間

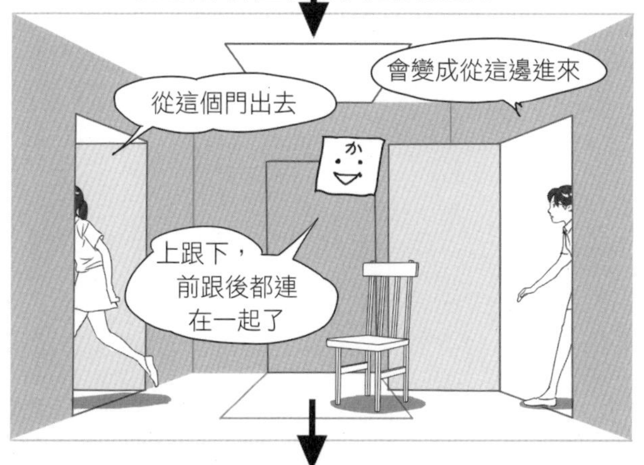

重新裝潢把牆壁、天花板跟地板都拿掉

會看到這樣的情景

給接起來呢！

房間的大小可隨想像力而定，要寬闊點或狹小點都沒問題。若是狹小一點，能讓自己的手碰到前後左右的自己，此時跟左右兩邊的自己牽著手，那麼前後上下會出現整排無數的自己把手牽在一起，可以跳一場盛大的土風舞了。假如把手搭在前面自己的肩上，還可以自己一個人玩排列遊戲呢。若是上下空間較小，則能把自己扛在肩膀上，組織一個雜技團！只是空間真的小到如此，不扛在肩上恐怕塞不進這個小空間裡。

空間扭曲的拓撲學

拓撲學也稱為位相幾何學，是研究諸如環面或球面等二維或三維空間的奇特數學，那麼這和相對論之間有什麼關聯性呢？

廣義相對論是關於「空間扭曲」的物理學，包括了質量如何使空間產生扭曲，物體或光線在扭曲空間裡如何運動，空間的扭曲與時間又會共同產生怎麼樣的變化，廣義相對論所探討的正是此類的問題。

當空間產生扭曲時，空間的整體會變成什麼模樣？能給出解答的就屬拓撲學了。透過廣義相對論與拓撲學的合作，對於某種形態空間會如何變化，可能存在著什麼形狀的空間，人們所居住的宇宙又會是什麼形狀等等之類的問題，都有了解決之道。

雖說如此，廣義相對論與拓撲學的配合，實際的研究還不是很有進展。像是提到宇宙形狀時，拓撲學雖然可以舉出許多的可能選項，卻只是非常單純地研究是否能以廣義相對論原理來加以套用而已。

或許有人覺得，像這個會看到無數自己排列著的奇怪三維環面空間，跟現實中的宇宙根本是兩回事，甚至連後補的可能性都完全沒有，畢竟朝夜空望去，怎麼都看不到自己的背影。然而，我們也無法絕對斷言，現實宇宙絕非是這個不合理的大型三維環面空間。

我們看不到宇宙深處裡現在的模樣，所見所得都只是藉由來自遙遠過去的光線之所賜，**能看見的銀河系或其他星系，很可能在一百億年前就已經發生變化，**只不過人們並不清楚而已。

更或許，我們自己所發出的光線尚未到達也說不定，這個膨脹的宇宙，有著隨時間過去得以越看越遠的性質，也許再等個一百億年，人們有可能看見自己的背影也說不定喔。

不可思議的宇宙球面

片夫：「讓我考你一個數學問題。三角形的內角總和是多少？」

厚子：「一八〇度啊！」

片夫：「在球面上是這樣的喔，你量量看。」

厚子：「咦？超過一八〇度了！」

片夫：「接著我在球面畫條直線，然後在旁邊也畫一條平行線看看。」

厚子：「啊？交叉了！原本明明是平行線耶！」

片夫：「還有還有，圓周是半徑的幾倍啊？」

厚子：「2π啊，也就是2×3.14……吧。什麼！怎麼短了？」

片夫：「把半徑放長點試試。」

厚子：「奇怪了，把半徑調長後圓周反而變短了？」

平行線會相交的空間

在小學的數學課堂上，大家應該都學過三角形的三個頂點內角總和是一八〇度吧；兩條平行線不管延伸多遠都不會相交；圓周總長是半徑的2π倍等等。對這些二維空間的法則，我們一直都深信不疑。

不過，片夫先生帶來衝擊性的事實。

人們在小學時所學過的許多幾何學定律，事實上只有在部分特殊的二維空間裡才能成立，而非普遍適用於所有的空間。例如像是三維球體表面、「扭曲」的二維空間，這些定律馬上出問題。

三維球體的表面，其實就是人們所居住的二維地球表面。即便念小學時就教的基本原理，如今卻連運用在人們腳下的大地，這個再基本不過的地方都成了問題，實在令人震驚啊！

小學教的常識究竟哪裡出了問題呢？請你參照一下【圖25】。

首先，請你在三維球體的表面上畫一條直線，無論延伸到哪裡這條線都會繞

【圖25】如三維球體表面般的二維空間

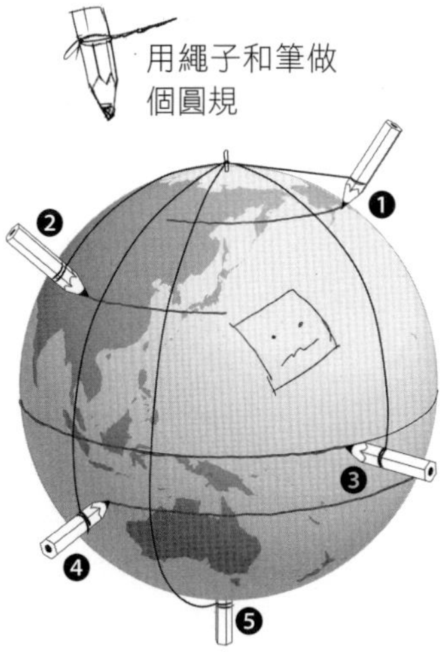

在地球表面畫圓的話……

❶繩子比地球半徑短很多的話，圓周長度約等於繩子的長度乘以2π
❷繩子長度超過1000公里時，圓周長度會比半徑乘以2π來得短
❸繩子長度達1萬公里時，用筆畫出的圓周長度會是4萬公里，這也是圓周的最大值
❹接下來當繩子越長時，圓周的長度會開始縮短
❺繩子長度為2萬公里時，會在地球的另一側，筆所能畫出的圓周長度為零

球體一周，最終回到原先的起點。就像是地球的赤道那樣，像這樣的線就稱為「大圓」，在球體表面描繪直線就可以畫出個大圓。

我在這裡也說明一下，接下來若有提到「球體表面」、「球面」之時，所代表的都是「三維球體的表面」。

說到這裡，應該有人覺得怪怪的。舉例來說，通過日本群島的北緯三十五度緯度線，往東繞行地球一圈後會回到日本，在繞行的過程中，並不會與其他緯度線相交啊。

其實是這樣的，像緯度這樣的線，並非我們所說的球面上的「直線」，我所說的是指像大圓一般，能到達球面位於起點相對處的直線。

試著在大圓旁邊拉一條平行線，在與直線相同的方向上也畫出另一條直線，這兩條直線最初還能保持平行，但慢慢地兩者距離會縮短，最終在某處交會而不再平行，兩個大圓會在球面上產生兩個交會處。

在球面上不可能畫出不相交的兩條直線，就算它們在某個區段是平行的，但只要繼續延伸終將會產生交集。

在適當位置畫出三個大圓，三個圓弧所包圍的領域會成為三角形，測量這個三角形的內角總和，將發現與小學所學到的常識有所差異，也就是內角和大於一八〇度，並且一般來說，球面上的三角形內角總和都會大於一八〇度。隨著三角形的範圍變大，內角總和也會隨之增加，當三角形面積達到球體表面積的一半時，內角和為五四〇度；若是幾近覆蓋整個球面時，內角和甚至接近了九百度。

顛覆過去的知識

接著，讓我們在球面上畫個圓形吧。

這裡有個要注意的重點，如何測量畫在球面上圓的半徑，而所謂的半徑是圓周上任一點與圓心連接線的長度。這條連接線也是大圓的一部份，會沿著球面而彎曲，在測量半徑時必須是這條彎曲的連接線長度才行。

留意到這一點之後，就請開始在球面上畫圓，你可以不用普通的圓規，而是改用繩子跟筆組成的圓規會方便許多。請將繩子的一端固定在球面某一點，繩子緊貼著球面拉緊後，就能用筆畫出以繩長為半徑的圓了。

測一下這樣畫出來的圓的圓周長度，會發現圓較小時圓周長度會接近於2π×半徑；圓再大一些時會比2π×半徑的長度短一些，也就是說與半徑的增加相比，圓周長度的增加幅度比較小。

在球面上能畫出的最大圓形是「大圓」，以地球來說就是赤道。球面上所畫的圓越大直到與大圓一致時，圓周長度就會達到最大值的「2π×球體半徑」。此時在球面上所畫的圓半徑，以地球來說就是從北極到赤道的這段路徑。

接下來即使半徑再變大，圓周長度也不會增加，反而會開始縮短。以地球來比喻的話，此時的半徑已經從北極越過了赤道來到南半球了。

當半徑達到球體的另一側時，所能畫的圓會縮成一個點，圓周長度也會變為零。這就是球面的二維空間幾何學，和在小學時所唸的很不一樣吧。

宇宙的形狀

這種不可思議的球面性質，跟相對論又有什麼關係呢？打破小學所唸的常識，又能派上什麼用場？

事實上，就數學理論來看，如同「三維球體表面的二維空間」，也會存在著「四維球體表面的三維空間」，就像「三維環面空間」類似於「二維環面空間」那樣，「四維球體的表面」與「三維球體的表面」是很相似的。

四維球體的表面，有著長寬高的三維空間，**不管旅行者往哪個方向前進，最終都會回到原先的位置**（若是三維環面空間，往斜向前進則不會回到原來的位置）。因此，倘若用望遠鏡朝哪個方向看去，都會看到自己的背影，只不過要等待光線橫跨過宇宙的時間。

這種形狀空間或許難以想像，實際上我們所在的宇宙是否為這樣的形狀，卻是被很認真地研究著，或許這是因為對於其他形狀的研究沒有什麼進展吧。

關於四維球體表面，稍後我會再詳細地介紹。這裡請你先記得，四維球體的表面是三維空間，為了理解這個性質就必須透過球面做為線索才行。

扭曲變形的二維空間

二維人圓子：「踏遍各式各樣的宇宙，穿梭於形形色色的空間，我是二維人圓子。」

厚子：「好厲害！」

圓子：「讓我們在各種二維空間畫個圓吧，就像畫在小學黑板那樣平坦的二維空間。」

厚子：「畫好了！」

圓子：「我也是！」

厚子：「在平坦的二維空間裡，用繩子跟筆做成的圓規來畫圓，量一下半徑跟圓周……，圓周長度是2π×半徑，跟小學教的一樣。」

圓子：「那是因為在平坦空間裡的曲率為零啊……，我們接下來要在球面上畫圓。」

厚子：「同樣用繩子跟筆在球面上畫一個圓，圓周長度會比$2\pi\times$半徑要短一些耶！」

圓子：「那是因為球面的曲率是正值，所以會有如此結果啊。我們再找其他的二維空間來試試看！」

厚子：「那麼我再畫一個圓看看……，這次圓周長度比$2\pi\times$半徑還要長呢，怎麼會這樣啊？」

圓子：「在曲率為負值的空間裡，就是這樣囉。」

空間的曲率是多少

我在這裡要介紹能顯示空間彎曲程度的「曲率」。

若是如黑板一樣平坦的二維空間，那麼它的曲率就是零；在球面般彎曲的二維空間則是正值，至於彎曲的程度是球體半徑的負二次方，不過我們先不理會這部分。大致來講，像小鋼珠一般大小的球體表面曲率會較大，倘若像地球般大的球體表面的曲率則較小。

假若突然被帶到某個二維空間裡，並且想知道那邊的曲率，該怎麼做呢？方法有好幾種，這裡同樣要介紹的是利用繩子跟筆做成的圓規來進行的方法。先像圓子小姐那樣，用繩子跟筆的圓規畫個圓，然後測量出半徑跟圓周的長度。在平坦如紙般的二維空間裡，圓周的長度當然會等於2π×半徑，也就是說這個平面的曲率是零。

在球面上的圓周長度會比2π×半徑來得短，換言之該處的曲率為正值。

Tips

二維空間的平坦區域曲率為零，亦即該處圓周長度等於2π×半徑。二維空間曲率為正值的區域裡，圓周長度會小於2π×半徑。

無法得知的空間形狀

假如我們在二維空間裡的某處測得曲率為正值時，是否可以斷定這個二維空間就是球面呢？

【圖26】二維空間的曲率

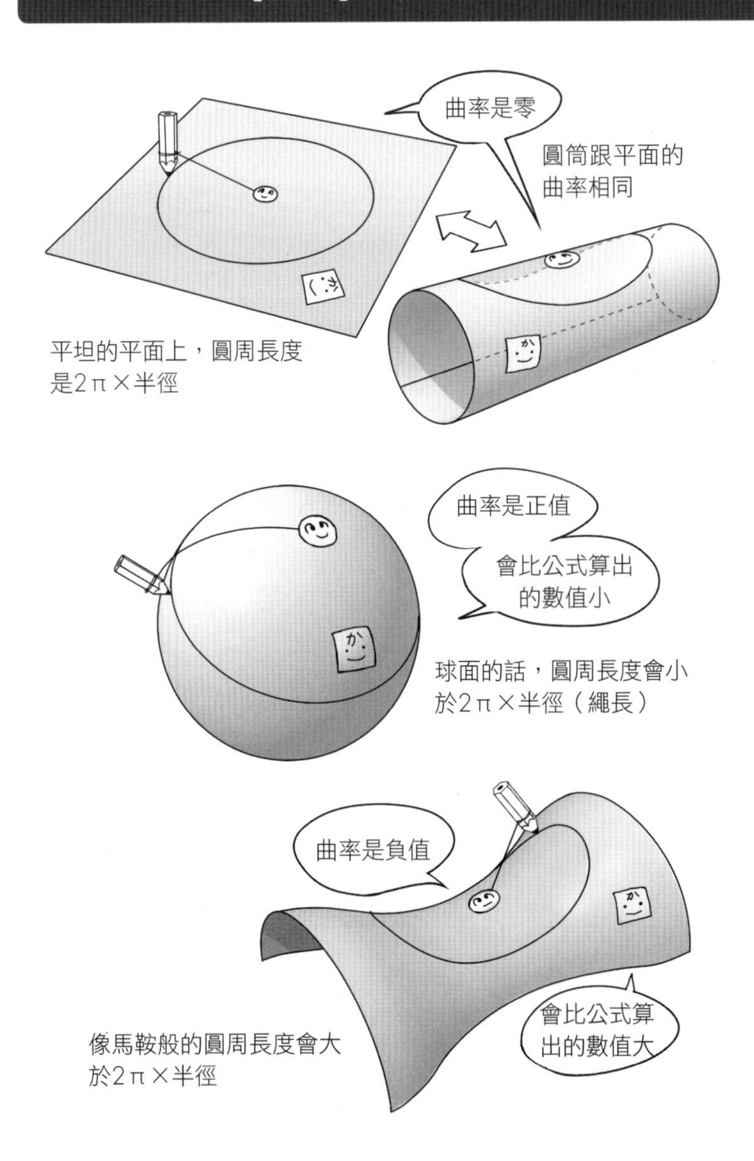

曲率是零
圓筒跟平面的曲率相同
平坦的平面上，圓周長度是2π×半徑
曲率是正值
會比公式算出的數值小
球面的話，圓周長度會小於2π×半徑（繩長）
曲率是負值
會比公式算出的數值大
像馬鞍般的圓周長度會大於2π×半徑

請注意！**即使曲率為正值，也不代表該空間就是球面**，理由有以下兩個。首先，這個二維空間可能有山有谷，空間各處凹凹凸凸也說不定；其次，這或許只是剛好在曲率為正值處畫圓所測得的結果。曲率會因場所而異，即使曲率為正值也無法斷定該二維空間就是球面。

那麼倘若在該二維空間任何位置所測得的曲率數值全都是正值且數值一致，是否可說就是球面嗎？很遺憾地，答案還是不行！因為這種情況也不只球面才會出現。比方說，各處曲率都相同且為正值的二維空間，除了球面之外還有「射影空間」也會是如此狀況。

所以，即使所有位置的曲率都是固定正值，也不能代表必然是球面，但反過來說球面曲率則肯定是固定的正值。假設三維球體的半徑是R的話，那麼這個球體的曲率就會是$1/R^2$。

Tips

球面所有的位置，曲率都是固定的正值（$1/R^2$）。

這裡所要表達的是，**即使測量曲率也無從得知「空間全體」的形狀**。某個二維空間裡的某處位置跟其他位置的曲率很可能不同，而某二維空間跟其他二維空間也會發生曲率相同，但空間全體的形狀卻不相同的情況。

曲率隨著場所而異的這種情況，換個比較難懂的說法就叫做「曲率的空間局部性特質」，而「空間全體的形狀」則稱之為「拓撲結構」，對於無限延展的平面或者環面，都不是拓撲結構。**拓撲結構並非空間局部性的性質，而是更加「整體性」的性質**。

平面與圓筒竟然長得一樣

讓我來舉個曲率相同但拓撲結構卻不一樣的例子吧。

請你回頭參閱前面的【圖26】，將方形紙張捲曲成圓筒，把東側跟西側黏貼起來，這張紙的曲率會是多少呢？

用繩子跟筆做成的圓規在圓筒的側面畫圓，跟還沒把紙捲起時所畫的圓會是相同的，也因此圓周的長度當然會一樣，因此我們可以說這張紙的曲率是零。從曲率的觀點來看，呈圓筒形狀的平面並沒有彎曲或扭轉，所以平面跟圓筒的曲率是一樣的。

我想，這時應該已經有讀者覺得難以接受了吧，在我們的日常感覺裡，圓筒狀就是彎曲的啊。但是對二維人片夫跟圓子而言，身處於圓筒狀平面或平坦的面上是沒有差別的，用繩子跟筆做的圓規同樣也找不出兩者的不同。

雖然盡可能避免使用專門術語是本書的方針，不過採用「曲率」這個名詞可以讓說明較為順暢。以二維空間的長度或面積的變動來測試有無產生扭曲，透過曲率便能一清二楚。長度或面積有所變動時，空間的曲率也會跟著改變；曲率沒有變動的話，那麼長度跟面積也不會有變化，換言之，這對片夫跟圓子來說，空間根本沒有產生變動。

曲率是負值的馬鞍空間

接著來看看厚子小姐和圓子小姐最後訪問的那個二維空間，在那空間裡的圓周長度大於$2\pi\times$半徑，代表著曲率是負值。

這種彎曲面能做得出來嗎？其實並不困難。在我們居住的三維宇宙裡，用紙或橡膠布來製作就可以辦到，這是能實際設置在我們宇宙裡的二維空間，你可以參照【圖26】最下方圖形。

像這種曲率為負的面稱為「雙曲面」，在其上頭所測得的圓周長度會大於2π×半徑。我們習慣以馬鞍空間來稱呼，因為將雙曲面部分空間置於三維空間時，會讓人看起來像是馬鞍的形狀。

Tips

在二維空間曲率為負值的區域裡，圓周長度會大於2π×半徑。

我們可以利用紙或橡膠布，在三維空間裡製作出雙曲面的部份空間，只不過假若將這個雙曲面空間一直拓展出去的話，就會像是縫上過多皺邊裝飾的洋裝那樣，無法再更進一步延伸了。

像黑板般的平面也很難無限地拓展下去，土地不夠、材料不足等原因總會在某處遭遇極限，換成雙曲面的話就會更早碰到這個界限了。

不過若只是在腦海中想像，無論雙曲面或黑板都能一直一直地無限延伸拓展。而能無限延伸的雙曲面就稱為「雙曲平面」，這種二維空間不論在哪個位置曲率都會是固定負值。

雙曲平面無論哪個位置，曲率都是固定的負值。

還有一點要注意的，當測量某個二維空間的各處曲率，當全部位置所測得的負值都一樣時，能否說這個二維空間就是雙曲平面呢？答案還是不行的。曲率為負值的條件並不嚴苛，所有位置曲率都為負值的二維空間有無限多種，比方說有兩個以上空洞的環面。這也是困難的所在，亦即從局部特質的曲率，無法推導出整體特質的拓撲結構。

質量讓空間彎曲了

圓子：「接下來，我要來說說如何確認三維空間是否彎曲的方法喔。」
厚子：「喔～～快教我！不過話說回來，三維空間的彎曲是啥意思啊？」
圓子：「首先，用繩子跟油漆刷來做圓規，如同【圖27】那樣的方式。」
厚子：「圓規嗎？我做好了。」
圓子：「把繩子的一端固定在空中，接著像是要把周遭給包圍起來，用油漆畫出牆壁來。」
厚子：「要把繩子固定在空中還真不容易呢！總之要把它固定住，以此為中心畫出球面來……，在空中塗上油漆可真困難啊。」
圓子：「很好。那麼這個球面的面積，是多少平方公尺呢？」
厚子：「球體的表面積應該是4π×半徑×半徑。讓我來實際測量一下……不對！比較小耶。」

圓子：「球體的表面積比較小，代表這個三維空間的曲率是正值，其中的原因就在厚子你的身上。」

厚子：「在我身上?!」

歐幾里德的失敗

計算球體表面積的公式是4π×半徑×半徑，雖然國中或高中時都應該學過，但平常時候卻很少用到，所以記不得也是很正常的。況且本書的主旨是不用數學公式，就算忘記也沒關係。

運用能夠在空中塗上顏色的特製油漆跟刷子，以某個點為中心來塗出球面，並且測量球面的表面積，看看是否跟學校裡學到的4π×半徑×半徑 公式所計算出來的結果一樣。

若測量的結果跟公式計算出來的面積相等的話，那就表示這個三維空間的曲率是零。在這個沒有「彎曲」的「平坦」三維空間裡，以前我們在學校裡學過的三角形面積到球體面積等數學公式都可以使用，而**曲率為零的空間也被稱為「歐**

【圖27】三維空間的曲率

用繩子和油漆刷
來做圓規

在四周塗出球面

像公式一樣，
表面積跟半徑一起增加了

三維的歐幾里德空間曲率是零

這個油漆球的
半徑就算變大，
面積也不會跟著
變得很大

四維球體表面的曲率是正值

難以畫出的雙曲空間的曲率是負值

幾里德空間」。

歐幾里德是古希臘時期的數學家，他所寫的教科書可說集幾何學之大成，在二千年間不斷地被傳抄印行，我們在中小學裡學到的角、線或三角形性質等等，都是二千年前歐幾里德所寫下的。

不過歐幾里德提出的定理或部分定律，必須在曲率為零的空間裡才能夠成立，換句話說，在曲率為正值或負值的空間，就需要新的定理或定律，如同本章到此為止的說明內容一樣。

因此很自然地，過去在中小學裡學到的歐幾里德定律能成立的零曲率空間，就被稱為「歐幾里德空間」，反過來說曲率不為零的我們就稱之為「非歐幾里德空間」。

在本章中所介紹的非歐幾里德空間，是學習廣義相對論時必須要有的概念，而**這也是對於人們居住的現實環境中的宇宙描述**。或許我們對於自己居住環境所在的宇宙，它的曲率或拓撲結構是如何都不是很清楚，但可以確定的是這個宇宙絕非「歐幾里德空間」。

把拓撲學和相對論連起來

接著回到圓子跟厚子的測量結果。當運用特殊的油漆跟刷子在空中畫出球面時，似乎球體的表面積會小於以歐幾里德的公式4π×半徑×半徑所計算出來的結果。如此也代表歐幾里德幾何學在這裏是無法成立的，這個空間確實是「彎曲的」無誤。

球的表面積小於歐幾里德公式的話，表示這空間的曲率為正值，而此處的三角形內角總和會大於一八〇度，平行線會慢慢接近，圓周長度也會小於歐幾里德的公式2π×半徑。相對來說，若球體面積大於歐幾里德公式所得數值，該處的曲率就會是負值。

究竟為什麼厚子小姐周圍的曲率會是正值呢？以及認為原因就出在厚子小姐身上，又是什麼意思呢？

本章用了不少篇幅，把二維空間跟三維空間彎過來、扭過去、再貼起來地做了很多示範，這些看似無關緊要的努力終於能把相對性理論給結合起來了。

現在就來介紹我們都能做得到，並且是實際上而非大腦想像能彎曲三維空間的方法吧。

阿爾伯特・愛因斯坦所提出的新重力理論「廣義相對論」裡，其中的一些概念是運用數學方程式的描述。

這些方程式的中心概念之一，就是質量會導致周圍空間的彎曲，使曲率變為正值，而質量是能讓空間彎曲的第一個原因。

換句話說，當利用繩子跟刷子畫出球面時，球面內的質量使得周圍的球面變得狹小了，球體面積也將變得與歐幾里德的公式結果不同，以致於無法以4π×半徑×半徑來表示。

只是這樣的差異非常微小，假如在體重五十公斤的人周圍畫半徑一公尺的球面時，球的表面積會比歐幾里德的公式數值減少約10^{-24}平方公尺，大約等於一個原子所占的面積，想要用肉眼來察覺根本辦不到。

當球體內部存在著龐大質量時，才能夠一測量就發現跟歐幾里德的公式之間有著差異。半徑一公尺球的表面積，透過歐幾里德公式來計算的話約為十二．六平方公尺。以此為例，若要減少到十平方公尺的話，那麼球體內部存在的質量必須達到2.7×10^{25}公斤才行，大概是四·五個地球那麼重吧。

好不容易，拓撲學跟相對論開始連在一起了呢！

宇宙的奇形怪狀

從片夫先生跟圓子小姐的故鄉開始，我們介紹了各式各樣的二維宇宙，像是三維球體的表面、環面、平坦的空間以及雙曲平面等等。這類的二維宇宙，只要是腦袋想像得出來，都有可能靠著紙張或橡膠布做出模型。

就以這些二維宇宙的經驗做為基礎，接下來就到三維的非歐幾里德的宇宙空間來探險吧。不過我得必須先告訴你，這次的探險很難做出模型了，而且隨著類型的不同，甚至連在腦中想像都相當困難，就只能依靠奇妙的二維空間性質，做為探險之旅的線索。

曲率為零的宇宙

三維環面空間是三維宇宙的一種，先前我們已經探討過了，現在請你回想一下，不論往東西南北上下哪個方向前進，都會從相反方向回到那個空間，這樣的性質是以二維環面為基礎所想像出來的。

接著要思考的是，用曲率為零的歐幾里德空間所拼貼出來的模型，正是所有位置曲率皆為零的三維空間。

說到空間裡任何位置曲率都為零的三維宇宙，就像是個能無限延展的歐幾里德空間，在這樣的宇宙裡，平行線無論如何地延伸都不會相交，球再怎麼變大其表面積都只會等於4π×半徑×半徑。

要在腦海中建構出三維宇宙的樣子，無論哪一種類型都是不容易的事，只有這種無限延展的歐幾里德空間相對來說比較不那麼困難。

不可思議的三維空間

當我們談到曲率為正值的空間時，大腦的想像會突然變得困難了起來，例如「四維球體的表面」，就是曲率均為正值的三維空間。那麼宇宙中的四維球體表面又會是怎麼樣的空間呢？**在這個空間裡隨意挑個方向來直直前進，最後會繞行宇宙又回到原來的位置**。這跟在地球上一直前進，最終仍會回到原點的道理是很類似的。

這個宇宙的大小是有限的，因此離觀測者最遠的位置，可說是在宇宙的相對側，也就像地球的另一端是離所在位置最遠一樣。

因為曲率為正值，所以在這宇宙裡所製作的三維球體，也就是我們常見的球，其表面積會比歐幾里德公式所算出的數據來得小。請你參照一下【圖28】，把球的半徑逐漸放長，讓球體變得越來越大，雖然表面積也隨著變大，但與歐幾里德公式的差異也越來越多，球的表面積增加速度會變慢。

這種情況跟在地球表面上畫圓，當半徑超過一千公里以上時，圓周長度會小於2π×半徑的現象非常類似。當半徑達到某個長度時，球的表面積會達到最大值，接下來不管如何延伸半徑長度，球的面積都只會縮減，以及類似在地球上，畫不出比赤道更大的圓。

從外頭看著球體逐漸變大的人，突然發現自己被球面給包了進去，原本還在球面外頭，卻不知何時已經置身其中了。若拿地球來當例子，原本還身處地球表面圓形外側的人，倘若圓形持續擴張到大於赤道時，會發現自己的周遭都已經被

【圖28】四維球體的表面

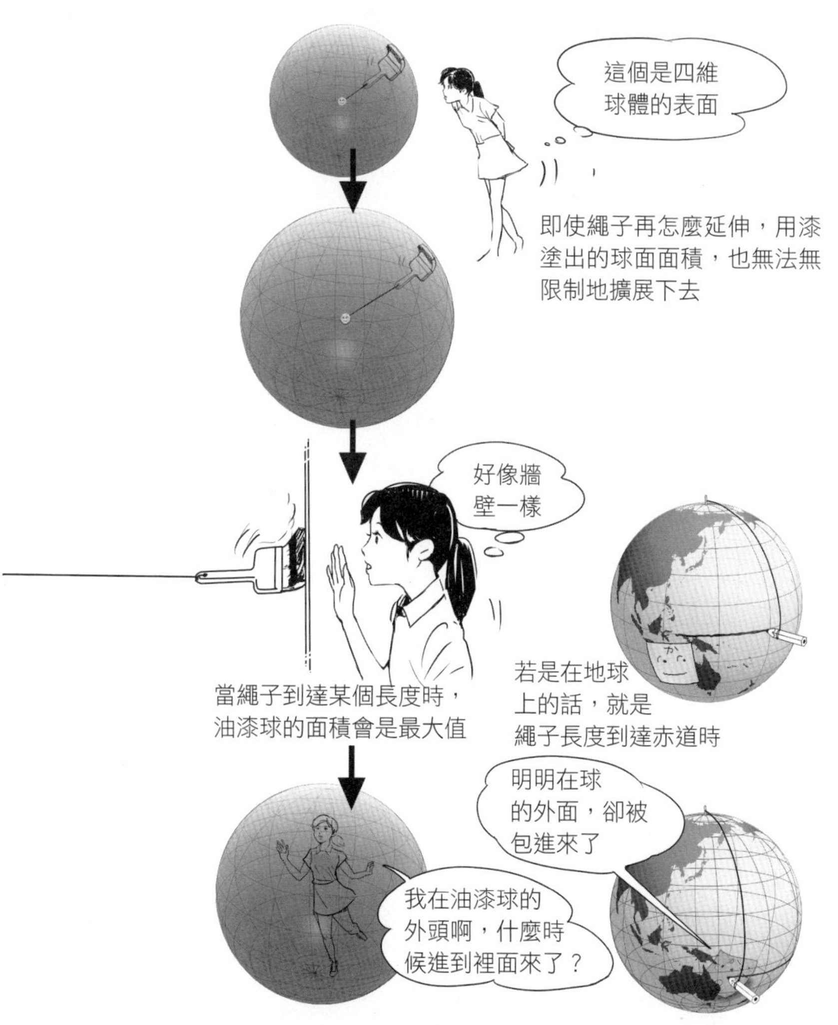
這個是四維
球體的表面
即使繩子再怎麼延伸，用漆
塗出的球面面積，也無法無
限制地擴展下去
好像牆
壁一樣
當繩子到達某個長度時，
油漆球的面積會是最大值
若是在地球
上的話，就是
繩子長度到達赤道時
明明在球
的外面，卻被
包進來了
我在油漆球的
外頭啊，什麼時
候進到裡面來了？
若在地球上的話，是當繩子到達南半球時

圓形給包進去了。

在四維球體表面的這個三維空間，有許許多多如此奇妙的性質，這種非常不可思議的三維空間，被認為是難以實現的。

我們所在的宇宙，實際上是半徑高達數千億光年的「四維球體的表面」，這樣的假設受到許多人的討論，包括愛因斯坦也是這麼認為。**依據最新的觀測結果得知，我們的宇宙曲率接近於零**，而目前可觀測得到的宇宙空間，是從我們的太陽算起，半徑接近五百億光年的球形範圍，這個巨大得驚人的廣袤空間，其性質近似於歐幾里德空間。

在超出觀測範圍之外的遙遠宇宙，其拓撲結構又會是什麼樣子呢？我們現在還無法得知，等觀測技術更加進步之後，或許就能夠判定宇宙的曲率，是趨於正值亦或負值了。

如果是些微正值的話，那麼宇宙的構造很可能是半徑數千億光年，或者更大的四維球體表面。相反地若是些微的負值，這個宇宙有可能是雙曲空間，或者是更加奇特的形狀。

在雙曲空間裡，以繩子跟刷子塗出來的球表面積，會大過歐幾里德公式所算出的數值，而且繩子變得越長，球表面積會增加得越快。也就是說，若天體是鑲嵌在球面上，那麼遠方天體的數量將增加得很快。假如我們的宇宙曲率是負值的話，越遠處星系數目就會越多，看起來也會更密集，或許真的是這樣也說不定喔。

第4章

驚人的廣義相對論

投出的球會呈曲線落下，是因為時空扭曲的緣故；月球會繞著地球轉，也是因為時空扭曲的關係。在扭曲的時空裡，光線會彎曲地歪七扭八，物體也無法筆直地行進。

然而，無論光線或球的動向，透過「廣義相對論」都能加以預測。接下來就要來看看在扭曲時空裡，光線、球或太空船搖晃不穩的模樣。

重力是什麼？

比對一下山頂掩體裡的時間，離開歐魯魯艾坦格只過了一分半鐘……，而自己不在那掩體裡的時間，卻已經過了二十二分鐘了。

對米翰、德雷斯及其後的兩個孩子來說，從那時起已經過了十年，孩子們根本記不得父親的事。

高處的時間走得比較快

在短篇小說《旅人的休憩》*的故事裡，那個世界的北方時間較慢，而南方的時間則會較快一些。例如在南方過了二十年，北方卻才只過了十六或十七分鐘而已，當主角往北方移動的數分鐘裡，南方早已經過了十年，或許根本沒機會和留在南方的家族說再會吧。

如果真有像這樣時間過得較緩慢區域的話，到底發生了什麼事呢？

這篇小說裡的物理法則究竟為何我不清楚，但在我們宇宙中的法則，時間流速假如真有了差異，那必然會產生吸引的重力，將時間流速較快的地方拉往時間流速較慢的地方★。倘若將時間較慢的場域當做「下方」，配合著這篇小說來看，那麼在南方就會產生重力，將北方的物體給吸引過來。

Tips 物體會受到重力影響，從時間流速較快的地方被拉往時間流速較慢的場域。

聽到這邊，你應該會產生一些疑問。蛋或杯子掉落打破了，是因為**桌面的時間較快而地板時間較慢**的緣故嗎？爬到山上或高樓會老得比較快，待在地下室則老得慢些，是這樣子的嗎？

沒錯！正是如此！

---

* David Irvine Masson著，伊藤典夫譯，收錄於一九七八年早川書房《遺忘的星球》。

★標準的廣義相對論教科書裡，並不會有時間是重力的原因說法。

地板上經過一秒的這段時間裡，在一公尺高桌上的蛋，距離食用期限又接近了10^{-16}秒；雙胞胎妹妹在高度一百公尺處待了一天，對於地上的雙胞胎姊姊則會慢上〇．二奈秒（十億分之一秒）的時間；**若姊姊跑到太陽上去，當地球上經過一年時，位於太陽表面的姊姊則會差一分鐘才滿一年**。

在小說《旅人的休憩》的世界裡，相距數百公里的北方與南方的時間流速差異約為八十二萬倍，若以愛因斯坦的重力公式來加以換算，所產生的重力約為10^{16}G。

這裡的「G」代表的是地球表面的重力加速度，約為九．八公尺／秒^2，因此不論是主角或其家族或任何的物體，在山頂掩體內或北方或南方或任何地方，只要一「落下」的話必然都會摔個稀巴爛。

「所以說嘛，根本是這部小說弄錯了。」我沒有要如此挑毛病，或許這部小說所設定的背景，應該是不適用愛因斯坦重力法則的世界才對，也或許是因為在那裡即使時間變慢了，也不會產生重力吧。

【圖29】朝著時間較緩慢處而去的重力

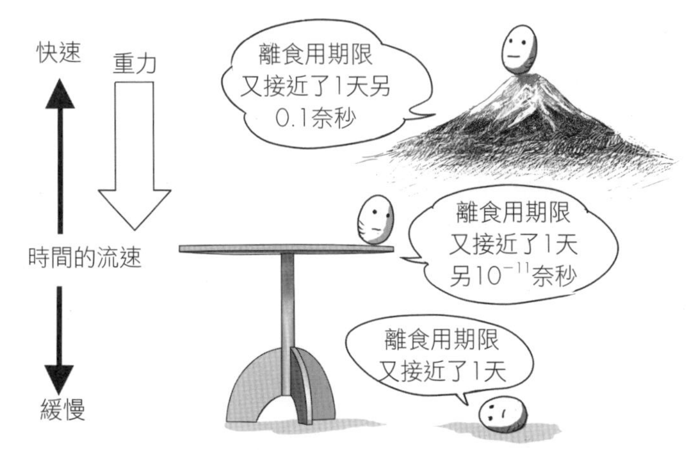

物體會從時間流動較快的場域，被往時間流動較慢場域的重力所吸引

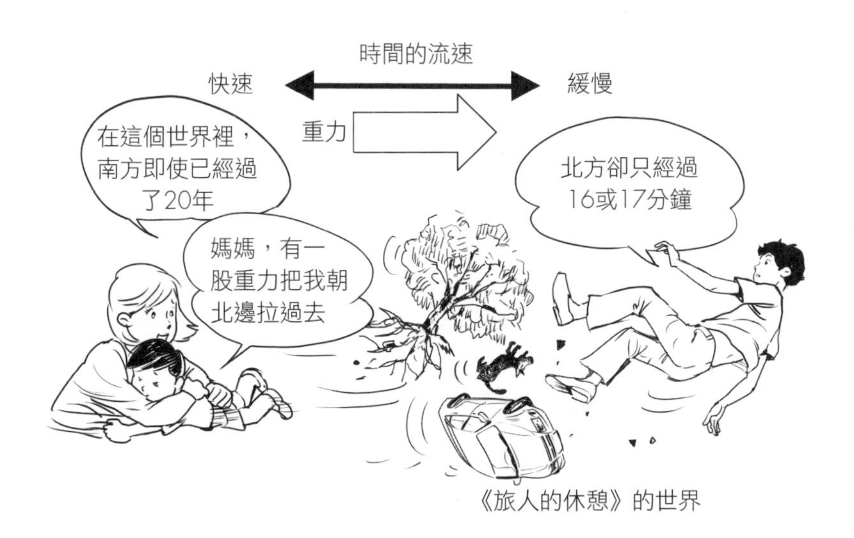

《旅人的休憩》的世界

質量會讓時空扭曲

在前一章裡我曾經和讀者提過，若存在著質量，周圍空間的曲率會趨向於正值，而這裡要談的是質量會讓時間變慢，並且也是重力形成的原因，這兩點都是千真萬確的事。把兩種效果結合起來，就成了「質量讓時空產生扭曲」的現象，而「時空」正是時間與空間的統稱。

在我們居住的地球上，投出的球必然會描繪出曲線軌跡；也因為太陽重力的影響，行星都會以橢圓形的路線運行，也可以說重力就是「讓球描繪出曲線的時空性質」。

空中的時間流速會較快，通過上空的球會比在地面上滾動的球經歷更長的時間，你可以參照【圖30】的說明。

依循重力以拋物線運動的球，相較依其他路徑行進的球，若一起出發、一起到達，則前者年紀的增加會比較多。以拋物線運動的球是其中年紀最大的一個，沒有比這條路徑更能增加年歲的了。

【圖30】高處時間流速快，通過上空的球年紀會增長較快

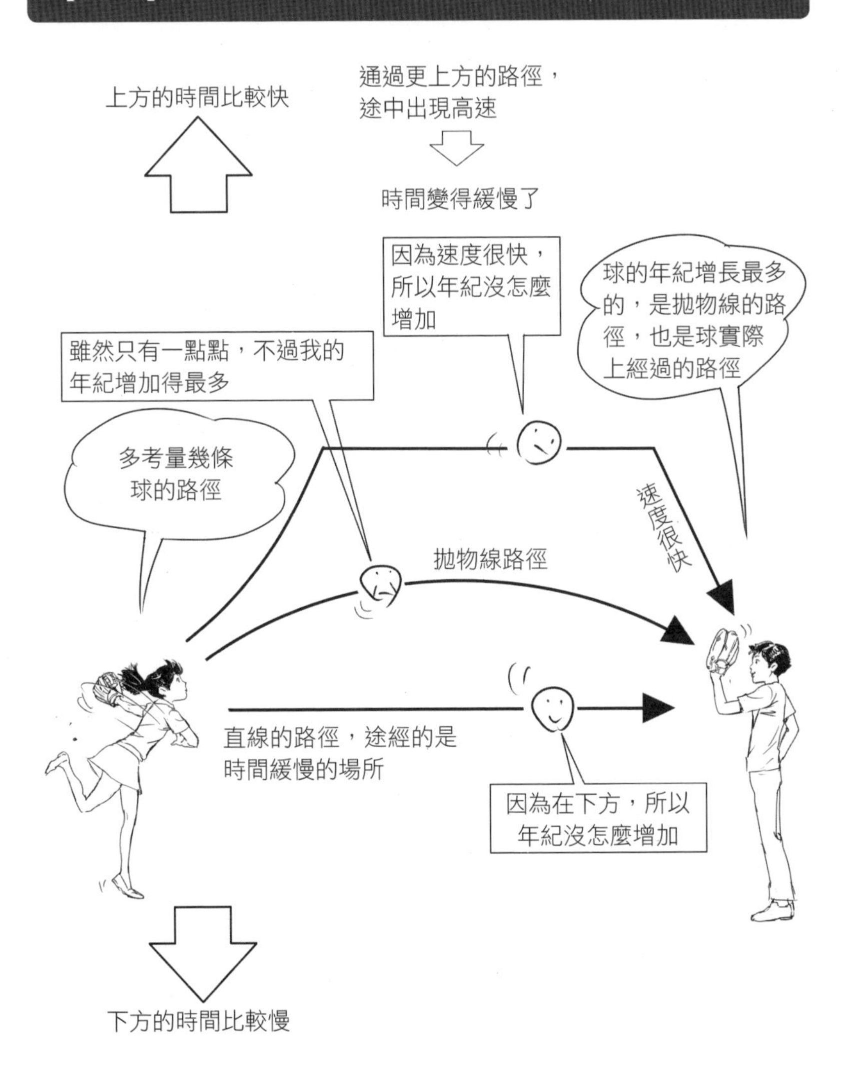

那麼要是搭飛機或火箭，行進在時間流速更快的高空裡的球呢？因為**搭乘飛機或火箭的速度很快，依相對論的效果來說所經過的時間會變短，更無法跟拋物線運動相比了。**

當場域同時存在著時間流速快與時間流速慢之時，物體會沿著使得年歲增加最多的路徑移動，這就是重力的真相。

Tips 物體受到重力影響，會循著時間最長的路徑移動；受到重力而移動的物體會比沿著其他路徑移動的物體，經歷更多的時間。

依據廣義相對論來看，讓球或火箭年歲增長最多的路徑，完全是依循重力的路徑，途中若沒有加減速，不點燃火箭引擎也未曾變更方向，就會完全照著重力的路徑來移動。若是沒有時間流速差異，也就是沒有重力，那麼讓年歲增長最多的路徑會是等速的直線。

廣義相對論的這個結論，與我們日常的經驗相符，亦即沒受到重力或外力影響的運動，會是等速的直線運動。

請回想一下雙胞胎悖論。依照狹義相對論所說的，年歲增長最多的是直線路徑，過程中沒有加減速、不點燃火箭引擎也不變更方向，這種等速直線運動是使年歲增加最多的路徑。狹義相對論的這個說法，正是廣義相對論理中時間流速沒有差異的特別情況。換言之，**當時間流速沒有差異時，狹義或廣義相對論都會有同樣的結果，物體會呈現等速直線運動，和我們日常的體驗是相符合的。**

傳統的教科書會告訴讀者可以任意地選擇座標，於是乎你可以選擇鄰近有質量存在，但時間卻不會因而變慢的座標，或者是時空平坦但時間卻因場域有很大差異的座標，只不過這麼做的話，就無法像本書一樣用「時間流速有差異就會產生重力」的方式來解說了。

若有讀者很介意本書跟其他傳統教科書有所不同的話，就請替換為「固有時間產生差異時會產生重力」，或者「位置函數為度量張量的○○比例時，對該位置微分則將得出運動方程式」的這種說法來閱讀。

有質量，空間必然扭曲

在質量的周遭，時間的流速會變慢，因此球會沿著曲線軌道前進，這是重力的真相，是廣義相對論裡之所以讓人驚訝的主張。

質量還會對周遭空間產生另一種影響。我在第三章中曾簡單說明質量如何讓周圍空間產生彎曲，會讓周圍空間的曲率趨於正值，球的軌道或者光線路徑都同樣產生彎曲的效果，這是重力的另一種實態。

在曲率為正值的二維空間裡，運用繩子和筆為圓規來畫圓，圓周的長度會小於 2π×半徑（你可以回頭翻閱第一一九頁的【圖26】）。以及在三維空間裡，運用繩子跟油漆刷做為圓規畫出的球面，球面面積會小於 4π×半徑×半徑（請參照第一二七頁的【圖27】）。

把質量放置在平坦的三維空間裡吧。在極為接近質量處的空間會彎曲，若以質量為中心畫圓，此時圓周長度會小於 2π×半徑；若以質量為中心畫球，則球

的面積將小於 4π×半徑×半徑。

當遠離質量之時，空間的彎曲將變得微不足道，要是離開得夠遠的話，就會跟平坦的歐幾里德空間沒有什麼差別了。

不過，在絕大多數的情況下，因為質量所產生的空間歪曲都極為微小。在質量為五十公斤的人身邊畫上半徑一公尺的圓，其圓周長度將比應有的 2π 公尺短少 10^{-25} 公尺，僅用肉眼根本無從辨識出來；若把地球當成完整球體來計算赤道長度，則會比四萬公里短少了約一公分；假如我們也把太陽當成完全球體來計算他的赤道長度，則會比四四〇萬公里縮短了約三公里，沒有透過精準度相當高的測量方法，還真的分辨不出來呢。

Tips

質量會讓周圍的空間彎曲，曲率趨於正值。

若是想要瞭解質量如何地影響周圍空間，有一個道具經常會派上用場，那就是橡膠墊。

在橡膠墊上放個砝碼，砝碼所在處便會凹陷下去，你可以參閱【圖31】。在凹下去的橡膠墊上畫個圓，圓周長度會小於2π×半徑，測量半徑時要從砝碼中心到圓周邊緣，利用繩子跟筆當圓規來畫便可以了。

因砝碼而產生歪曲的橡膠墊表面，這個二維空間的曲率是正值，而在遠離砝碼位置的橡膠墊表面則是平坦的，這個模擬有助於聯想狹義相對論所說，離質量越遠曲率越接近零的原理。

「放置砝碼的橡膠墊表面」所顯現出來的特徵，與因質量而產生歪曲空間的形態頗為相似，正因為這個理由，在解說相對論時經常會運用到這個模擬手法。

【圖31】質量使曲率趨近正值的空間模擬

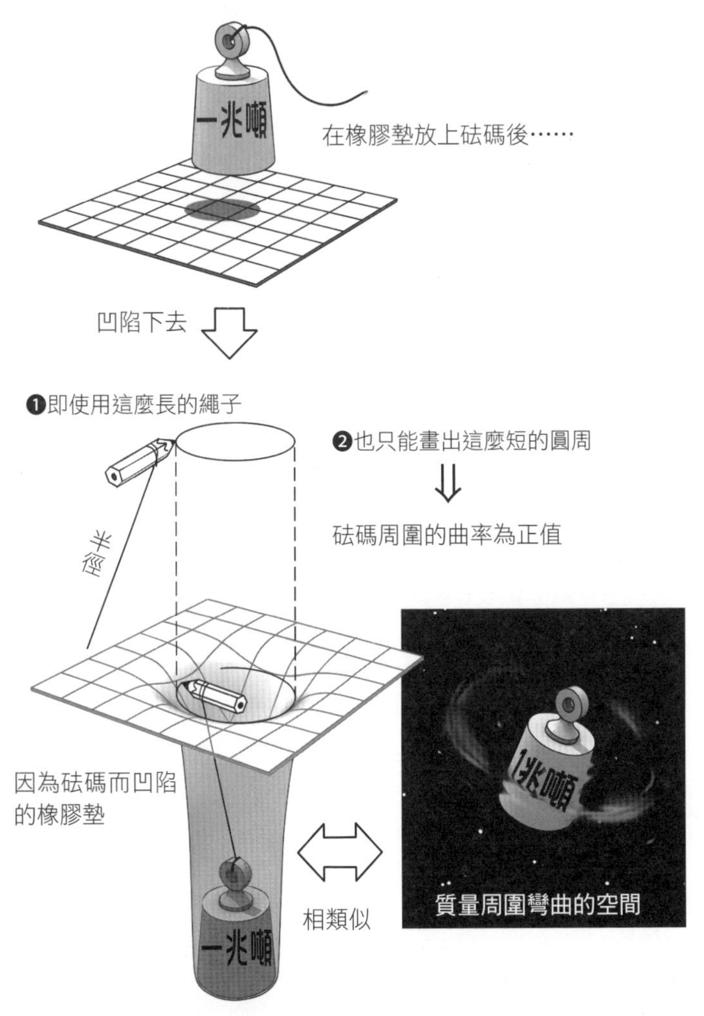

利用繩子跟筆為圓規畫圓，圓周長度會小於2π×半徑

離得越近，時間越慢

廣義相對論的發表是在愛因斯坦發表狹義相對論的十年後，若概略簡化地說，所謂的廣義相對論是由三項法則所組成——

❶歪曲時空裡質量或光的運動法則。
❷時空會因質量產生扭曲法則。
❸上兩項法則所需的數學技巧。

質量附近，時間變慢了

本書會略過數學技巧部分，而第一項質量的運動法則在前面已經介紹過，加上接下來所要說的就足以表述出廣義相對論的神髓了。

Tips 越接近質量處的時間流速越慢，並也會產生重力。

雖然這麼說已經道出廣義相對論的精義，不過若就這麼結束的話實在有點簡略，我還是多加解說一番吧。

在質量的附近，時間的流速會變慢。球、岩石、關掉引擎的太空船或者是月球，因為是沿著最會增長年歲的路徑行進，並且在質量附近會很順地描繪出曲線（你可以對照【圖32】），在無其他干擾影響之下，都會繼續地以曲線行進，到最後描繪出繞著質量轉動的橢圓形。不過，假如最初的速度過快的話，則不會繞著質量轉，而是飛向無限遙遠的彼方。

在重力較弱處，或物體速度遠低於光速之下，將與牛頓提出的運動法則相符，而這兩者也點出了物體在天體周圍會以橢圓形軌道行進的緣故。

放開拿在手中的蛋，**雖然是直直地掉落到地面，不過這落下的運動，實際上可是繞著地球細長橢圓形軌道的一部份**。換言之，蛋的落下軌跡也是曲線的一部份，而各個部份的曲線對蛋而言都是增長年歲最多的軌道，也就是說從餐桌上滾落到地面摔破之間，在可能出現的無數條曲線當中，**蛋會選擇最能增長年歲的路徑來落下**。

【圖32】重力場裡物體的軌道

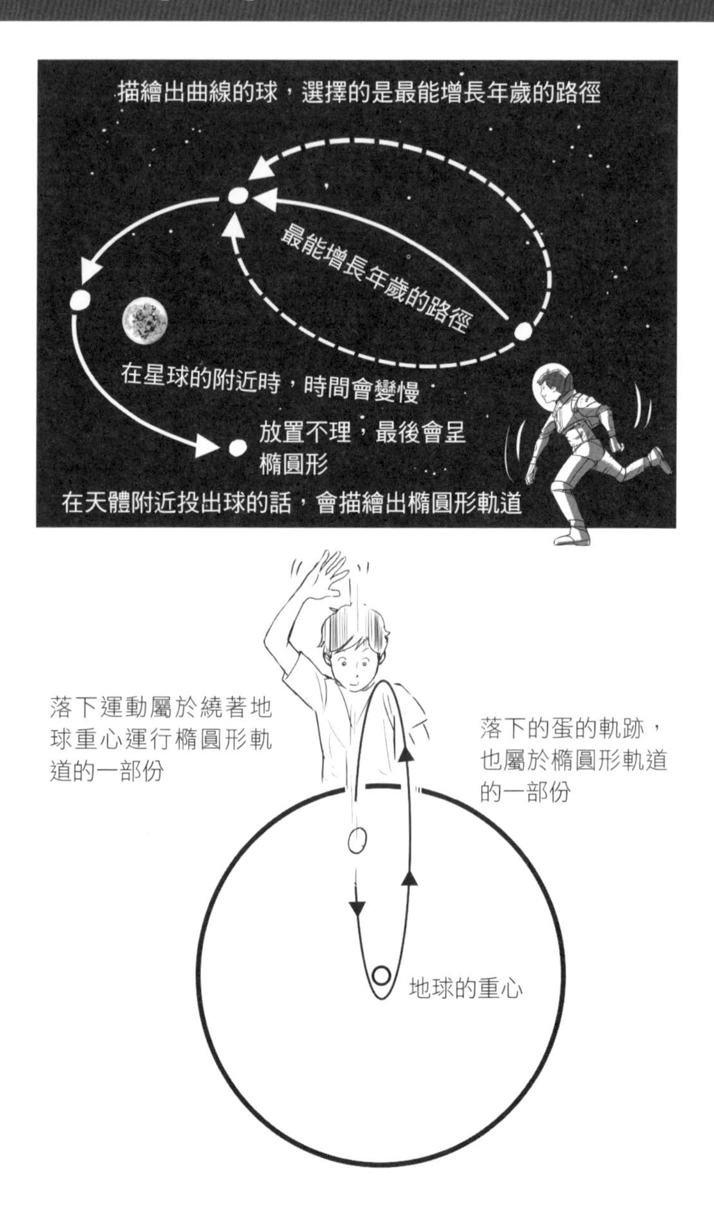

重力來自於時間的延遲

附帶一提，你時常有機會看到，談論相對論的書本或影片當中，為了說明質量周圍物體行進路線會彎曲，都是使用凹陷的橡膠墊。

橡膠墊因砝碼的放置而產生凹陷，凹陷處就是因為砝碼質量而歪曲的空間，這樣的說明方法很常見也相當明確清楚。接著把球放到橡膠墊上，讓球朝著凹陷處滾去或加上些速度讓球繞著砝碼轉動，球便會呈曲線移動，就如同受到重力影響的物體一般。

不過要提醒你注意的是，對於比光線慢的物體的運動，**影響最大的是時間變慢的效果**，至於質量導致周圍空間歪曲所產生的影響並不那麼大。在歪曲空間裡的物體可以靜止不動，當空間的曲率產生重力後，歪曲空間裡的物體就無法靜止而開始落下的運動。

想要用橡膠墊來顯示出，質量讓時間變慢的效果是很困難的，假若有人發現有好的表現方式還請告訴我。

因此，日後若有看到以運用凹陷橡膠墊來說明的書籍或影片，請務必記得關於因重力產生時間延遲的影響，要比空間歪曲的影響來得更大，只不過在絕大多數的場合裡，質量帶來的時間遲緩化跟空間歪曲都是十分微小的。

本章一開始就曾說過，在地板上經過一秒的時間內，高度一公尺餐桌上的蛋已經離食用期限多接近了10^{-16}秒。球、石頭、月亮或蛋會敏感地察覺到這微小的差異，各自會沿著年歲增長最多的路徑，或朝著捕手而去，或描繪出一條拋物線來，或繞著行星呈現橢圓形運動，又或摔破在地上。

我們日常生活中雖然能夠感覺到重力的效果，但由於時間的遲緩是很幽微的，即便運用裝置加以檢測都相當困難，**只有位於連光都無法逃離的強大重力天體黑洞的周圍，才有可能一眼看出時間遲緩化的現象**。

被施了魔法的黑洞

「不對！蘭伯特，在第二根柵欄對面的那邊才是屬於霍利斯特．海德。」查理．都柏林說道：「你的土地，就只到第二根柵欄為止！」

「等一下！都柏林，我怎麼想都覺得奇怪，我的土地有一百六十英畝，隨便算也會有八百公尺平方才對啊！你所指稱的怎麼看都沒有八百公尺啊？」

「在那兩處柵欄之間！」

「你別開玩笑了！這連三公尺都不到！」

「你覺得是這樣嗎？蘭伯特，讓我來教教你。那邊有很多小石塊，看到了嗎？你撿一個試著投向溝渠的對面看看……。」

黑洞的預告

拉法第（R.A.Lafferty）的每一本小說都充滿了奇思妙想，〈狹窄的山谷〉

更是其中屈指可數的奇妙短篇作品。就像被施了魔法一般，蘭伯特來到將屬於自己的八百平方公尺土地前，卻怎麼都看不出有那麼大，而只是約三平方公尺的狹小空地，原本廣大的土地都擠在這小小區域裡頭。

從空地外頭扔出石頭卻越不過這三公尺寬地帶，飛在空中的石頭慢慢變小，最後掉落在離投擲處數十公分遠的位置。當縱身踏入這塊小空地後才赫然發現，自己不知何時竟已經進入一片廣大的土地當中了。

或許也是因為魔法的緣故，這塊土地看起來就只是一塊狹窄空地，也因此毫不受到外人的侵入。

這個短篇小說當然是創作，世界上並不存在從外頭看起來狹小，裡頭卻很寬闊的空間，說不定有些人會因此覺得可惜吧。

不過在**宇宙當中，確實有可能存在著跟施過魔法的這片空地很相似的領域，那就是黑洞**。本書的下一章會正式解說，連光線都無法脫逃的強大重力天體黑洞，我在這裡先稍微做些介紹，算是先來個預告吧。

【圖33】〈狹窄的山谷〉小說中的奇幻場景

黑洞的無限距離

黑洞並不是普通物質所構成的天體，一般認為是普通物質被壓緊再壓緊，經過難以想像的超高密度壓縮之後所產生的。假如是地球的話，壓縮到半徑九公釐以下就會形成黑洞；若是太陽則需要壓縮到半徑三公里之內。

這裡我將跳過許多天體物理學的教學內容來直接說明。在天空中閃爍的恆星裡有著比我們的太陽質量大上數十倍的大質量星球，**最後當氣體壓力無法抵抗自身的重力，就會成為黑洞**。

像這類大質量星球最終演變成的黑洞，或是與大質量星球黑洞結合所產生的超巨大黑洞等等，人們都曾透過觀測加以發現，只不過多數的黑洞都只能藉由一些方法觀測到它周邊的物質來發現，至於黑洞表面或靠近黑洞處所產生的現象，在觀測上還是相當困難的。

接著讓我們再運用一下放置砝碼的橡膠墊吧，你可以參考一下【圖34】。放在橡膠墊上的砝碼越重，或者砝碼質量不變體積卻大幅縮小時，橡膠墊的凹陷會變得更深，也就是歪曲得更加厲害，當砝碼越重則凹陷處的傾斜度就會越大，甚至如同洞穴一般。

還好這是我們想像中的超級橡膠墊，能夠毫無限制地伸展下去，若換成真的橡膠墊，大概早就負荷不了重量而破了個洞。

這是為了要模擬出三維空間裡，因為巨大質量存在而使得空間曲率明顯變大的狀態，我們仍然運用繩子跟筆來當圓規，以砝碼為中心來畫圓，然而即使繩子再怎麼長，從洞穴底部還是搆不著外頭而只能畫出個小圓。也就是說，因為曲率很大，所以即使繩子長度（半徑）再怎麼延伸，都只能畫出圓周長度遠小於$2\pi\times$半徑的圓來。

當砝碼重量到達某個數值時，洞穴也終於變得無限深，而這就是黑洞。真正黑洞的周圍空間曲率很大，在它周圍用繩子跟筆來畫圓，不管繩子放得多長，圓周長度都不會再變長了。

當太空船接近黑洞，並且朝著黑洞放下繩子，無論繩子接得多長都碰不到黑洞。**太空船跟近在眼前的黑洞之間隔著無限的距離**。

【圖34】橡膠墊上的黑洞

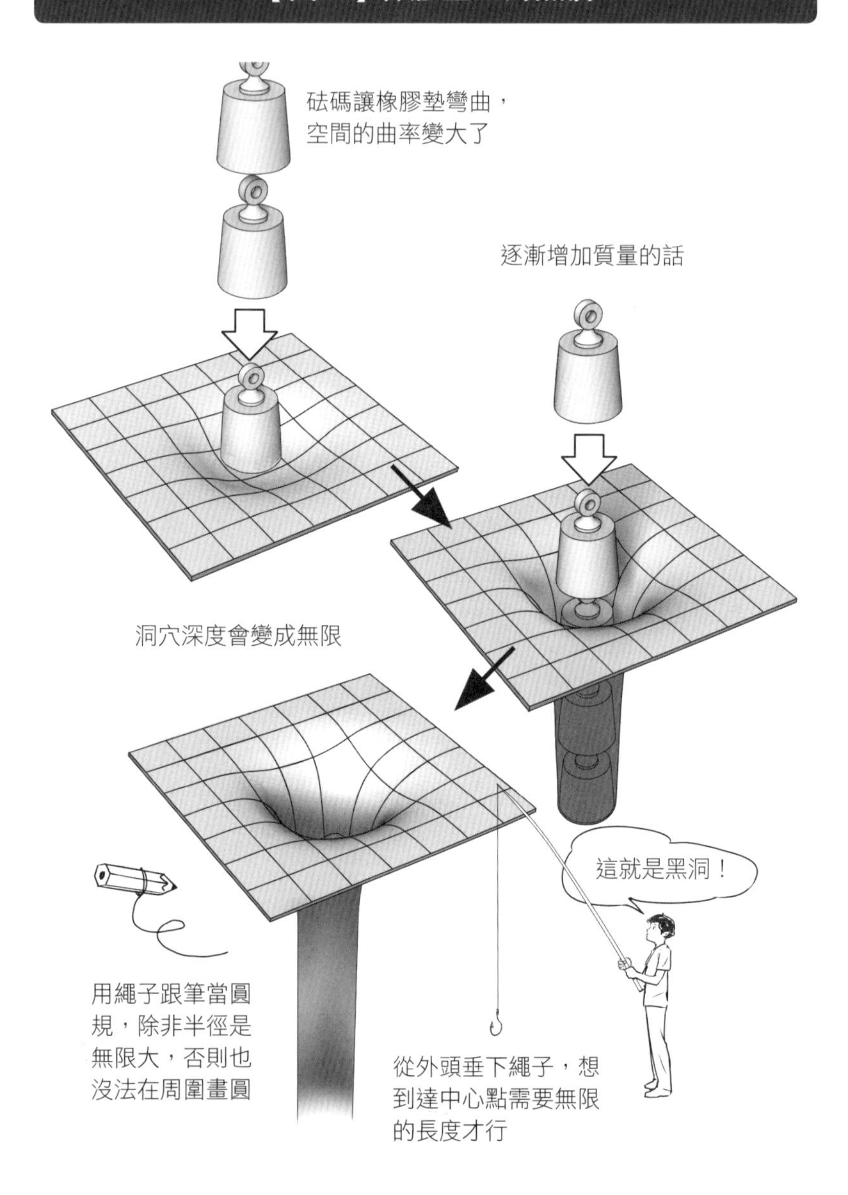
砝碼讓橡膠墊彎曲，
空間的曲率變大了
逐漸增加質量的話
洞穴深度會變成無限
這就是黑洞！
用繩子跟筆當圓
規，除非半徑是
無限大，否則也
沒法在周圍畫圓
從外頭垂下繩子，想
到達中心點需要無限
的長度才行

黑洞附近的時間變慢

在擁有強大重力的黑洞附近，一眼便能看出時間遲緩化的現象，不過前提是要能夠用眼睛看到往黑洞落下的物體。

落入黑洞裡的物質，因為空間延伸再加上時間遲緩化的相乘效果，會出現奇妙的狀態，物體好像就要往近在眼前的黑洞裡落去，卻怎麼都到不了黑洞。當物體靠近黑洞時落下的速度會變慢，並且在相當於史瓦西半徑（下一章會說明）的距離處停止下來。

靠近黑洞的時間會變慢，在史瓦西半徑的位置，若以橡膠墊來比喻的話就是那無限深的洞穴壁面上的時間終於靜止了。也因此被黑洞吞噬的宇宙旅行者的慘叫聲持續著，恐懼的表情猶如被凍結在臉上一般。有著這般奇異性質的黑洞，就像是一開頭說到的〈狹窄的山谷〉的宇宙版本。

黑洞是非常小的天體，即使有著如太陽般的質量，半徑也才只有區區的三公里，倘若騎著腳踏車大概一小時就能繞上一圈。不過在黑洞的內部，存在著極為廣大的空間，如果直直地朝著裡面進去，無論走再無限遠的路程，也都到達不了黑洞的中心處。

另一方面，跑進幅寬三公尺狹小空地的蘭伯特孩子們，在裡頭會看到八百平方公尺的美麗山谷在眼前開展，由此看來這塊土地的曲率明顯地很大。拉法第可說是全宇宙最會寫奇幻小說的作家，他所想出的珍奇構思，宇宙算是都幫他實現了。

第5章

看不見的黑洞

以能吞噬萬物而廣為人知的黑洞，是由廣義相對論推測出它的存在，黑洞擁有強大的重力，連火箭、星球甚至是光線都難逃黑洞的捕捉，然而比起落入黑洞裡，物體掉到星球上要來得簡單太多了。

接下來，就讓我們來探險一下，揭開什麼都能吞下去的黑洞的神祕面紗。

連光線也無法脫逃

不管石頭也好、球也好、湯匙也罷，只要往天空扔去，都會以拋物線落下。若是力氣大一些能扔得更快點，就會飛得遠一些。

逃離天體的速度

假如能超越人類的臂力極限，再投得更快更快，那麼最終會是怎麼樣呢？結果是落下的位置越來越遠，會超出地平線、越過海洋、跨過赤道，以每秒八公里的速度繞行地球一圈後，再回到投擲者的背上。

用不同的說法來講，以每秒八公里的速度投出去，無論是石頭、球或湯匙，在不考慮空氣阻力的前提下，都將變成不落地的人工衛星！

假如繼續提高速度，石頭、球或湯匙所能到達的高度也會越來越高，當速度超過每秒十一公里時，它們就不會回到地球了，因為已經達到能脫離地球的速度，而這個能擺脫地球重力影響的速度就稱為「脫離速度」。

脫離速度不因物體種類或質量而有所不同，石頭、球、湯匙、火箭或人體都是一樣，只要超過每秒十一公里以上便能脫離地球，當然這也同樣是在不考慮空氣阻力的前提下。

在不同天體的脫離速度會有差異，地球上是每秒十一公里；月球則是每秒二．四公里；而太陽上則需要每秒六二〇公里。想脫離質量越大的天體就需要更快的速度，以及若天體的半徑縮小，所需的速度也要變得更快。

天體質量越大或者半徑縮小，脫離速度也將會隨之增大，從每秒一百公里、一千公里，直至超越人類能達到的最高速度，到了最終和光速一樣地快。正如我在第一章中曾反覆強調的，光線是宇宙中最快的速度，沒有任何速度能夠凌駕在它之上。

相對來說，若所需的脫離速度超越光速的天體，那麼無論光線、波動或基本粒子等等都無法脫離，這樣的天體看起來應該是全黑的，也就是我們所說的「黑洞」，稍後會更嚴謹地探討這個部分。

【圖35】脫離速度與黑洞

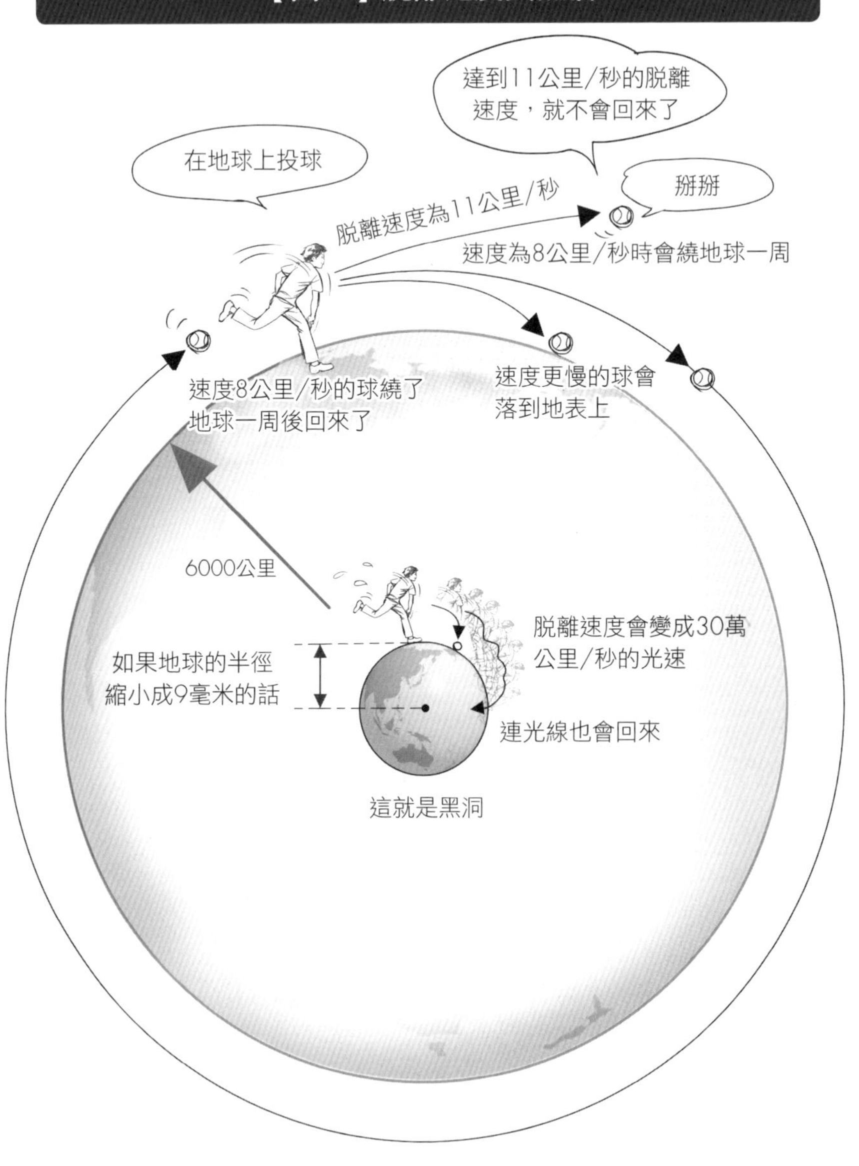

達到11公里/秒的脫離速度，就不會回來了
在地球上投球
掰掰
脫離速度為11公里/秒
速度為8公里/秒時會繞地球一周
速度8公里/秒的球繞了地球一周後回來了
速度更慢的球會落到地表上
6000公里
脫離速度會變成30萬公里/秒的光速
如果地球的半徑縮小成9毫米的話
連光線也會回來
這就是黑洞

讓愛因斯坦驚訝的「史瓦西度規」

西元一九一五年，愛因斯坦發表了新的重力理論，也就是廣義相對論。

正如先前所說明過的，重力來自於時空的歪曲是廣義相對論的根本概念。**質量會讓周圍的時空產生扭曲，而扭曲時空裡的物體軌道或光線也會彎曲，這就是所謂的重力效果**。

愛因斯坦自一九〇五年發表狹義相對論之後，一直在思考建構新的重力理論，只是因為用來傳達其概念的數學方面有困難，最後花了十年的光陰才完成了廣義相對論。要透過數學公式來表達前一章提到的時空扭曲，就要用到「偏微分方程」或「張量分析」等數學工具，也就是必然要運用數學的「微分幾何學」。

因為廣義相對論是個需要運用高等數學的艱深理論，以至於被笑稱：「搞得懂廣義相對論的人，全世界大概只有三個。」若說這句玩笑多少反映出真實性，那麼這三名天才裡頭絕對包括了卡爾・史瓦西（Karl Schwarzschild）。

史瓦西在得知愛因斯坦的新理論後便投入研究，僅花了一個月左右就發現了廣義相對論方程式裡的一組解答，從質點求出的精確解答，表達了天體的重力現象，若以現今來看正是對於黑洞的解答。史瓦西度規解釋了一般天體的重力，從天體中心的極近處來看，也存在著對黑洞的解答。

當愛因斯坦接到來自史瓦西的信時也嚇了一跳，他似乎不認為自己的理論能存在著精確的解答，從那時之後，針對廣義相對論的精確解答陸續被證實，甚至多到可以成書了。

當時正處於第一次世界大戰，史瓦西擔任德軍軍官，被派往對俄國的戰線上，在他將令愛因斯坦都感到驚訝不已的成果寄出後不久，就因為皮膚病的惡化而驟然過世了。如果史瓦西能夠活得更長壽一些，他無疑地能對物理學做出更大的貢獻，人類失去這麼一個無可取代的聰明頭腦，正是戰爭導致無數破壞與喪失的鐵例之一。

在史瓦西提出的精確解答中，記述了能影響天體的重力，更也預言了黑洞性質而被稱為「史瓦西度規」，只不過當時他對黑洞的預測被人們給忽略了。

之後隨著對天體內部構造的理解增加，得知比太陽大上數十倍的大質量星球，最後會因核燃料使用殆盡而崩潰。經過天體物理學家們的強烈激辯，最終認為除了星球崩潰，再也找不出黑洞以外的解答了。

此外，非透過黑洞就無從解釋的天體現象，也在宇宙各處一一被發現。研究家們漸漸接受了史瓦西度規所揭露的黑洞，這個實際上散布存在於宇宙各處的事實。支持黑洞存在的意見，直到一九六〇年代才成為主流，從史瓦西的成果發表算起，約有半個世紀之久，在這之前黑洞的存在是不被認同的。

Tips

史瓦西度規揭露了質點所帶來的時空扭曲，一般天體重力也能藉由史瓦西度規推導出來。

越接近史瓦西度規的中心部位，脫離速度會等於光速，時間會停止，空間被延伸使得曲率趨向於無限大。

在史瓦西度規的中心部位明顯存在著大質量高密度的天體，稱之為黑洞。

黑洞和星球，誰是危險人物？

船長：「各位乘客請注意，本船即將進入黑洞較多的區域。」

乘客：「撞到黑洞會怎麼樣？」

船長：「會因為潮汐力而碎成片片，往黑洞掉落的物體會越來越慢，從外頭的人來看，落入黑洞得花上無限的時間。」

乘客：「聽起來很糟糕耶……」

船長：「但奇怪的是，對掉下去的人來說，其實花的時間很有限。」

乘客：「喔？雖然聽起來滿有意思的，但我想還是不要掉進去的好。」

船長：「別擔心！黑洞多的宇宙區域，反而比一般恆星較多的宇宙區域更來得安全。」

這船長到底在說些什麼啊？在黑洞隨處可見的宇宙空間飛行，會比穿梭於相同數目恆星的空間裡安全許多？這到底是怎麼一回事？

當太空船撞上黑洞

先講結論好了。通過黑洞旁的太空船誤往黑洞撞去的可能性，會遠低於撞上恆星的可能性。其實宇宙是很寬廣的，不管是宇宙裡的黑洞或恆星，太空船要通行大概都不成問題，所以請不要過於擔心。

在電影或科幻小說中，黑洞被描繪成存在著吸入太空船或星球的危險，一不留神接近黑洞就會被「重力」給「抓住」，連引擎發出無用的怒鳴聲也都不會放過地吞進去，以及隨著劇情安排，就這麼個被送往別的宇宙去。

雖然這種事幾乎都不會發生，不過我們還是來探討一下，當太空船撞上黑洞時會發生什麼事，以及黑洞究竟有多危險?!

經過黑洞旁的太空船最該留意的，不是時間的延遲，也不是可能被送到其他的宇宙，而是來自黑洞的強大潮汐力，這極可能把太空船扯個四分五裂。

出於單純和節約燃料的目的，會把太空船的引擎關閉，順著黑洞的重力來飛行，太空船循著繞行黑洞的橢圓形或雙曲線軌道，先接近黑洞再遠離而去。

搭乘的旅客可能會覺得，這段期間太空船內部應該是處於無重力狀態才對。太空船順著重力運動的情形下，船艙內的物體應該感受不到重力，正因為如此，我在第一章才會用橡膠繩做為測量列車內物體質量的工具，平常的彈簧秤是無法使用的。

然而話說回來，確切地依照重力在運動著的是太空船的重心。例如太空船的前端，因為與整個船的重心所在有些差異，會受到方向與大小都略有差異的重力影響。也就是說，雖然太空船的重心因為依循著重力運動而呈現無重力狀態，但和其他地方的無重力狀態還是有著微妙的差異。

該注意的是「潮汐力」

這種微妙的差異會將太空船往黑洞的方向拉去，而在垂直面上出現壓縮力的情況，這就是所謂的「潮汐力」，你可以對照【圖36】來看。

潮汐力可不是黑洞獨有的能力，例如月球帶來的潮汐力雖然規模不大，但也確實影響著人們的日常生活，在這樣的作用底下，地球上便出現了潮汐現象。

正如月球潮汐力能引發地球上的潮汐，若處於像是黑洞或中子星等小型卻極重的天體附近，潮汐力的強度會大到足以破壞太空船艙是很有可能的。

假設現在有艘全長一百公尺的太空船，通過與太陽質量相當的黑洞附近*。當接近離黑洞四千公里時，作用在太空船前端的潮汐力會有十G；接近到約二千公里處時，潮汐力則為一百G。

人類所搭乘的太空船，無法加速到遠遠超過地球表面的重力加速度，以及船殼或者其中的設備能否耐得住如此極端的加速度，也是很有疑問的，我想一旦不幸遭遇時太空船大概會損壞吧。

當離黑洞一千公里時，搭乘者的重心將呈無重力狀況，但頭部跟腳尖處則會感受到十G的力道，若接近到五百公里處則會超過一百G。這樣說來的話，若遇上質量約等同於太陽般的黑洞，只要保持在一萬公里以上就沒問題了。

---

*除非特別註明，本章提及的黑洞質量都與太陽相當，至於擁有太陽一百萬倍到一百億倍質量的巨大黑洞，之後才會提到。

【圖36】黑洞的潮汐力

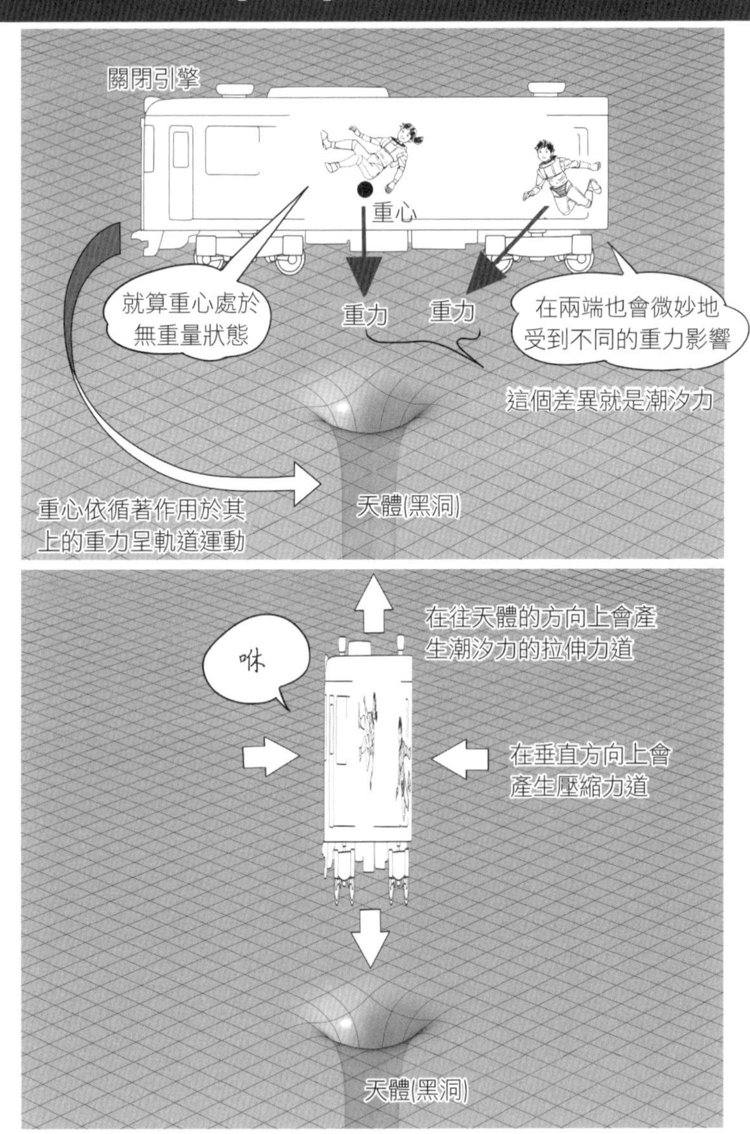

這微妙的差異會把太空船往黑洞方向拉伸，而在與之垂直的方向產生壓縮力道。

Tips 與太陽質量相當的黑洞潮汐力最致命。

許多談到相對論的書，都有這樣令人感到恐懼的描述，但這真的是宇宙旅人該嚴肅面對的威脅嗎？其實並非如此。

當然，離黑洞一萬公里處是有危險的，然而就算距離一般恆星一萬公里遠，同樣也是相當危險的，比方說太陽的半徑是七十萬公里，距離一萬公里的話已經是在太陽內部了。

這也是船長為何會說黑洞多的宇宙區域反倒比較安全。太空船通過離黑洞數萬公里遠的位置不會有什麼問題，但如果換成是數十萬公里大的恆星時，同樣的距離卻早已經撞上恆星了。比起有許多黑洞的宇宙空間，一樣有著相同數量恆星的宇宙空間，發生衝撞事故的可能性會高出許多。

雖說可能性比較高，但連在我們銀河系裡恆星最為密集的場域，其實也是空蕩蕩地一片，無論怎麼飛都不太可能發生事故。

朝黑洞扔塊石頭吧

朝著黑洞扔石頭能丟得進去嗎？會不會被潮汐力扯個粉碎呢？是否得花上無限時間才能被吸入史瓦西半徑範圍內呢？本節要談的就是這個問題。

在前一節裡提過，黑洞影響所及的範圍其實不大，在到處是黑洞的宇宙空間裡，太空船也能很輕鬆地穿越。那麼我們就邊期待不會撞上黑洞，並且邊瞄準黑洞而不是隨便往宇宙裡亂投石子，這下總該會被黑洞給吸進去吧。

我不得不對懷抱這種期待的人說聲抱歉，**你瞄準丟出的石頭大概也是什麼事都不會發生，更可能的會是回到原處**，就像行星繞著太陽轉動一樣，石頭會繞著黑洞，然後回到原先的位置。

那麼石頭總該會被潮汐力扯碎，或是當進入需要無限時間才能落到底部的場域後，就會被黑洞吸進去，對吧？

要扯碎高密度的堅硬石塊，大概需要約一百萬G的強大潮汐力才能辦到，若以太陽質量等級的黑洞來計算，必須接近到黑洞中心約三十公里內，潮汐力才會超過一百萬G，換言之是距離黑洞中心三十公里處，石頭才有可能碎掉。

另外，物體受到重力牽引繞行天體，繞行的半徑越小或越接近天體速度就會越大。假設擁有相當於太陽質量且不自轉的黑洞，當繞行黑洞的軌道半徑為十公里時，繞行的速度會等於光速。而且半徑越短，物體越難穩定繞行，軌道會以趨於螺旋狀朝黑洞掉落，最終進入需要花上無限時間落下的領域內。也就是說，處在質量相當於太陽的黑洞約十公里內，並不存在能安定繞行的軌道。

基於這個道理，若是真能把石頭扔進距離黑洞十到三十公里的範圍內，石頭就不會回到原處而被黑洞給吸了進去。

事情不是只有扔石頭這麼簡單。太陽跟地球之間距離一億五千萬公里遠，就當朝著差不多同樣距離的黑洞，以地球公轉速度每秒三十公里，你把石頭給扔了出去，這些假設在宇宙裡還算是有可能的實際數值。

先來個誇張的暴投，朝著跟黑洞垂直的方向扔去，石頭會畫出一條圓形軌道，在一年後回到原處，結果當然是碰不到黑洞。接下來很認真地朝黑洞投去，要是一個控球力極佳的投手能把石頭以約一度的精準投出，就像他從投手丘看到捕手手套那樣，還是無法扔中黑洞。

當石頭越接近黑洞時速度會越快，離心力也隨之驟增，離心力會抗衡著重力將石頭帶離黑洞，而重力與離心力對抗的結果，石頭會描繪出橢圓形軌道最後回到原處，你可以參閱【圖37】。

要把石頭投進距離一億五千萬公里遠的黑洞，並且落在三十公里以內，必須以約〇・〇五度的精準度來瞄準才行。若距離為七十公尺，就是要命中靶心十公分以內的精準度；要投到黑洞十公里處的精準度約為〇・〇二度，也就是命中一五〇公尺外，目標靶心十公分內的精準度。不以這種精準度朝黑洞投去，當接近黑洞時離心力就會壓倒重力，也就是當角動量過大時，將無法接近黑洞。

Tips

角動量大的物體不會被黑洞吸入，亦即若非筆直朝著黑洞飛去就不得其門而入。

【圖37】朝向黑洞扔石頭

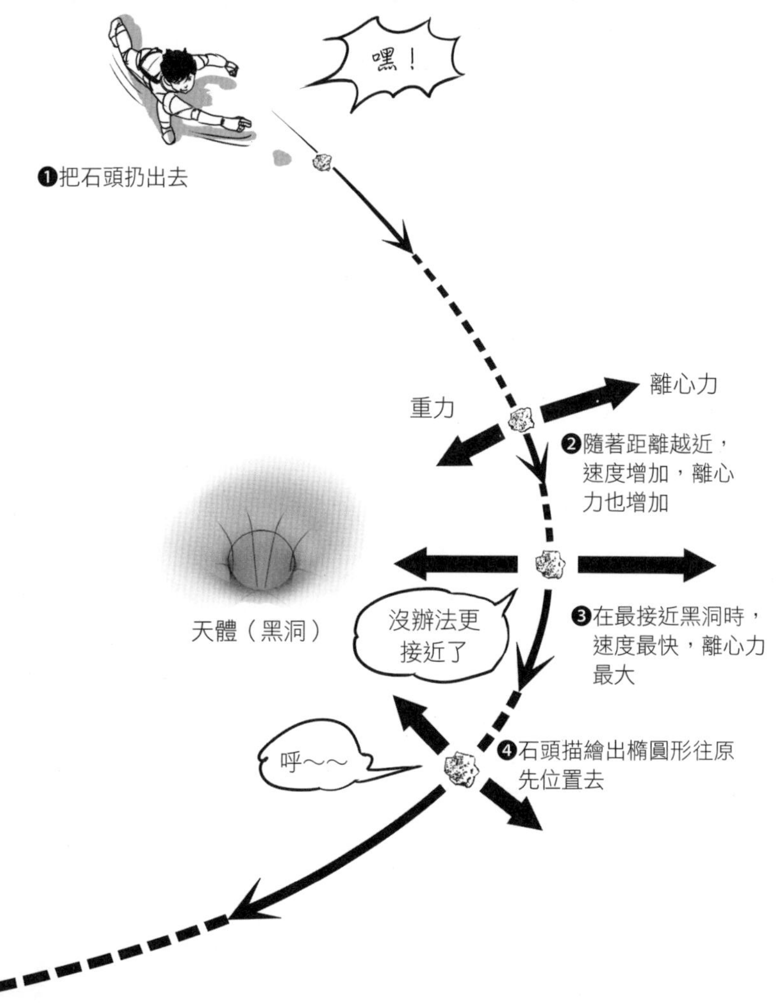

石頭越接近黑洞，速度越會增加，離心力也隨之變大，離心力會對抗著重力將石頭帶離黑洞。重力與離心力對抗的結果，石頭將以橢圓形軌道回到原來位置

什麼會從黑洞裡跑出來

前兩節當中，我們已分別驗證了「等待著太空船的危險黑洞」、「貪婪吞噬周圍物體的黑洞」這些看法，接著要來看看黑洞裡什麼都跑不出來的這種印象究竟為何。

當人們在公園裡投接球，球會從這隻手傳到另一隻手，有時會碰到地面或牆壁，但都會是以拋物線移動著。

把這景象拍成影片，並且逆著時間播放，可以看出球的確是呈拋物線在移動著，不用去管手的動作或行走方向有多奇怪，只要專心看著球就好，你會發現沒有違反物理法則的不自然之處，一般正常播放或逆轉播放的影片毫無差別。即使逆轉時間，球的運動依然是遵循著重力法則，這就是物理學上所謂的「牛頓重力法則不因時間反轉而改變」。

接著，來拍攝一下黑洞吞下石頭過程的影片吧。請完美地把石頭扔向黑洞，石頭被潮汐力拉碎，被黑洞吞下，隨著落下而越變越慢，因磨擦而發熱的碎片放射出電磁波來。當逆轉著影片播放，會看到石頭的碎片從黑洞裡被吐出來，吸收著飛往遠方的電磁波，集合在一起回復到石頭原先的樣子。

雖然是無比怪異的景象，但每塊破片或電磁波的動作也全都遵循著重力法則，即使將時間逆轉，愛因斯坦的重力法則依然不變。也就是說，**即使黑洞裡吐出東西來，也不會違反重力法則**。

只不過在宇宙裡，運行往黑洞掉落軌道上的物體，壓倒性地多過運行在離開黑洞軌道上的物體，因此很難見到黑洞吐東西出來的景象。

Tips

物質從黑洞裡出來，也不會違反重力法則。

由黑洞外面的觀測者來看，落往黑洞中的物體會越來越慢，不管經過多久都落不進某個半徑以內的範圍，而這個半徑被稱為「史瓦西半徑」，以相當於太陽質量的黑洞來說，約莫是三公里左右。

對黑洞外頭的觀測者來說，落往黑洞的物體要到達史瓦西半徑得花上無限時間。

落往黑洞的物體怎麼都到不了史瓦西半徑，那就把這景象拍成影片後反轉時間來播放，可以看到從史瓦西半徑外緣向外吐出物體的景象。

在真正黑洞的內部，是不會從史瓦西半徑內飛出物體才對吧？要出來也得花上無限的時間，就算等在外頭也沒機會親眼目擊。況且也無法很快就飛往遠方，因為才一出黑洞馬上又會被吸回去。

即使如此，還是有些奇特的說法。難保有機會能看到花費無限時間，從史瓦西半徑內側飛出來的物體（粒子）或幅射也說不一定；在無限的過去中持續努力，終於飛出來的粒子或幅射，並不是這個宇宙的產物，而是來自於其他宇宙。這些說法到目前為止，都還沒有得到多數研究者的認同。

找到黑洞！

黑洞的存在現在已經被確認了，只不過是怎麼被發現的呢？

來自聯星系的X射線

有些黑洞會散發出可見光或X射線，透過望遠鏡或X射線觀測儀器就能看得到，要說用眼睛就能看見也是沒錯的。

雖然我們強調過，很難往黑洞裡丟進石頭，但黑洞卻也不會總是那麼客氣地什麼都不吞噬，在某些條件下仍有許多東西會流入黑洞。

黑洞有時候會與一般的恆星互相環繞運行而組成「X射線聯星系」，此時氣體會由恆星流向黑洞，以及氣體會以黑洞為中心來形成圓盤（吸積盤），圓盤內的氣體在彼此推撞擠壓下因磨擦而生熱，最後產生達數千萬度的高溫而散發出X射線。

【圖38】全天候X射線監視儀，攝得最新X射線宇宙地圖

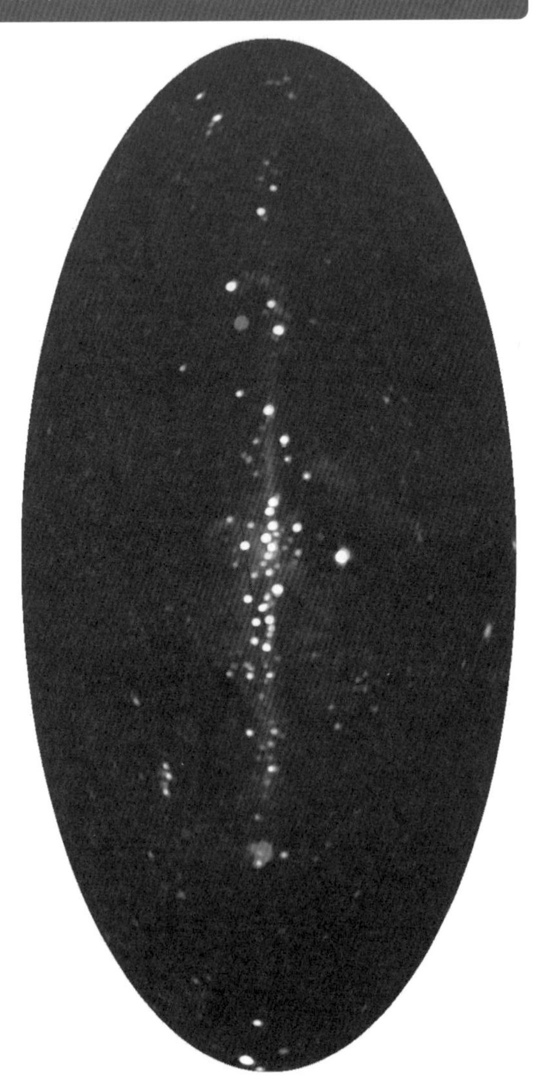

由地球來看的全天域X射線天體的地圖，這是累積4.5年的資料，是將我們銀河系中心方向(人馬座)置於圖的中心處，天河呈水平方向來製作的地圖。各光點所代表的都是X射線天體，除了黑洞聯星系外、還有中子星的聯星系、存在於遙遠銀河中央的巨大黑洞、星系團的高溫氣體以及超新星殘骸等等，呈現出我們銀河系大致的構造。

[RIKEN/JAXA/MAXI Team，2014年]

因此，只要找到聯星系發射出來的X射線，就能找到銀河系裡的黑洞，只不過會發出X射線的天體除了黑洞之外還有其他的天體，對這些極其相似的天體也必須加以分辨才行。

黑洞跟中子星怎麼分辨

所謂極為相似的天體，例如由中子星這種特殊天體與恆星組成的聯星系就是其中之一。

該怎麼區分黑洞跟中子星呢？最根本的判斷是透過質量測量，只要知道軌道速度、聯星週期等軌道運動的資料就能求出質量。若質量是太陽的三倍以上，就可確認不會是中子星而是黑洞了。

最早透過測定質量來確定黑洞存在的聯星系，是天鵝座的X-1，從軌道運動來推估，天鵝X-1的質量約為太陽的三十倍以上。以此星系為首，目前在我們的銀河系裡，已經發現約二十個黑洞了。

不過，並非所有X射線聯星系都能被測出質量，還是有許多天體無法區分到

【圖39】宇宙中各式各樣的黑洞

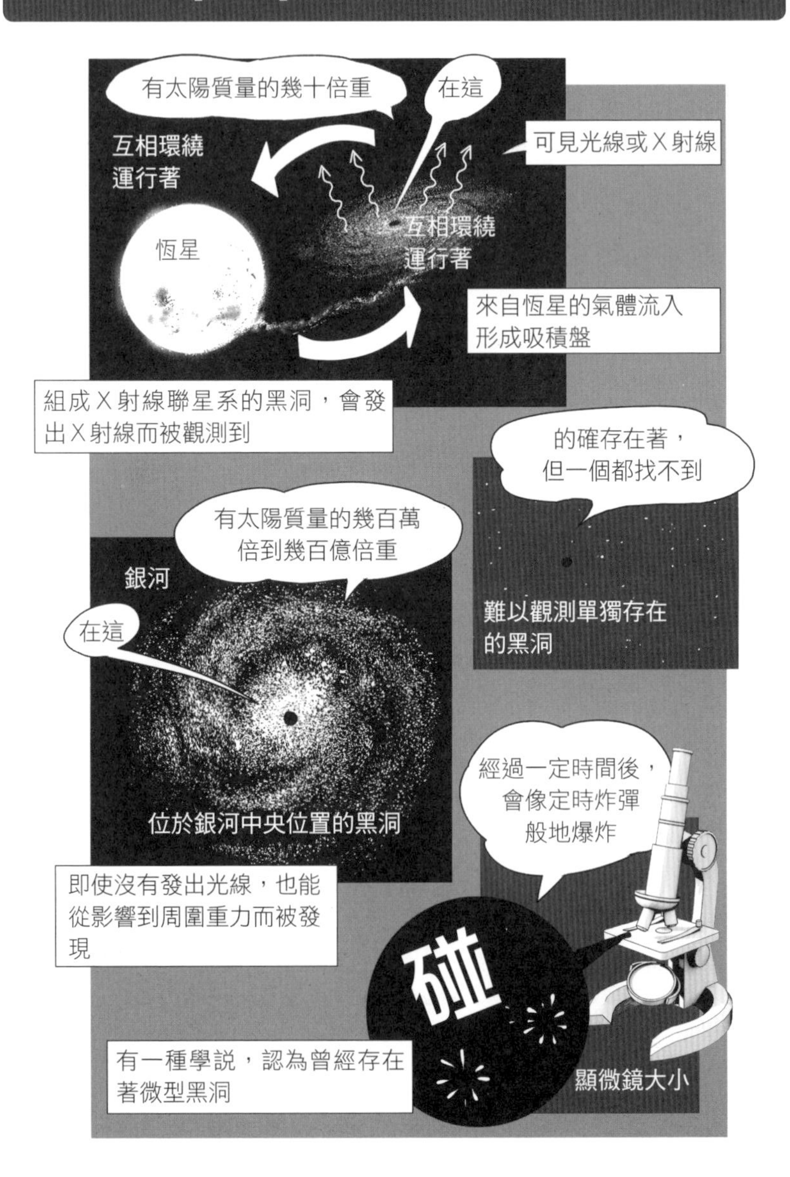

底是中子星或者是黑洞。況且，未成為聯星系單獨存在的黑洞，也無法以這樣的方式被觀測到，其數量是多少現在仍無從得知。要找出這些黑洞，就得透過探查質量或監視星球的運動才行。

以上是關於存在於我們這個銀河系裡，質量高達太陽的數倍到數十倍的黑洞的說明。

在我們居住的銀河系之外，能觀測到的宇宙範圍尚約有千億個星系，而目前認為在各個星系的中央位置，都很可能存在著質量高達太陽的數百萬到數百億倍的巨大黑洞。

在這些巨大黑洞當中，有些會吞噬周圍的氣體，而被吞噬的氣體會發出Ｘ射線或可見光，用可見光望遠鏡來觀測，能看到在銀河中央部位發出閃爍的光芒，另外也有著因散發Ｘ射線而顯得明亮的巨大黑洞存在。

我們的銀河系中央位置究竟是怎麼樣的呢？應該也是有著巨大黑洞的存在，被研究家稱為人馬座A*（A Star），它的質量約為太陽的三七〇萬倍，史瓦西半徑將近一千萬公里，是太陽半徑的二十倍左右。

這個巨大黑洞現在已經不再有氣體流入，所說的「現在」，其實到達的光線是約三萬年前就已經出發了。雖然本體因為黑暗而無法被看到，但由於週遭的恆星繞著黑洞周圍進行軌道運動，如此才得以發現這個黑洞的存在。

第6章

宇宙大霹靂

人類所在的宇宙是由三維空間與時間組合而成，這個宇宙的整體是什麼形狀？會不會往哪邊前進最終又回到原來的位置呢？遙遠的過去與未來的模樣又是如何？說明這些問題，正是相對論的用處之一。

不過，因為相對論在理論上容許各式各樣的宇宙存在，然而究竟哪種形式才會真實存在，這也必須透過天體的觀測才能確認。

近年來觀測技術突飛猛進，反倒讓宇宙理論有點跟不上腳步了，在本章中將扼要介紹宇宙的形狀，以及它看起來會是個什麼樣子。

無限擴張的宇宙

根據最新的觀測資料，宇宙形狀似乎是人們所能想像到，最單純也是最無趣的類型，是個無限廣闊且平坦的宇宙。

也因此，只要觀測宇宙的某項特徵，應該就能看出空間是否平坦，並判定出曲率究竟是正或負，而其中的一項特徵就是遠處的銀河數量。

宇宙空間是平的

在平坦，也就是曲率為零的三維空間裡，不論球面的半徑是一公釐或一百億光年，表面積都可以從過去學校所教，歐幾里德的簡單公式4π×半徑×半徑來求得；若曲率為正值的話，那麼面積會小於此一公式所求得的數字，曲率為負的話則面積會較大。

換成位於四維球體表面上的三維空間，由於該處空間曲率為正值，因此以觀測者為中心的球體面積，會小於歐幾里德公式所計算得出的數值。在比較極端的情況下，以觀測者為中心，半徑一百億光年的球面，很可能只有約一平方公尺而已（請參照【圖40】）。這麼狹小的空間裡當然擺不下一座銀河，因此若我們觀測到一百億光年遠的地方，很可能找不出任何一個銀河來。

相對地在曲率為負值的宇宙裡，半徑一百萬光年的球面面積，可能會達到百億萬兆平方光年的百億萬兆倍那麼寬廣，這麼一來即使觀測的只是一百萬光年遠的地方，都會看到密密麻麻的銀河。

這都是因為曲率的不同，導致遠方銀河數目的差異，並且從其他方式來觀測，得到的差異也可能是如此。

我們所在的宇宙，遠處的銀河數量並沒有減少也沒有急速增加，與曲率為零的平坦宇宙的預估值大致是相符的，從這個觀測結果可以得知，**宇宙在我們能觀測到的範圍內，曲率應該趨近於零**。

宇宙的曲率觀測值趨近於零，亦即在觀測得到的範圍內宇宙是平坦的。

【圖40】曲率為零的宇宙、正值的宇宙、負值的宇宙

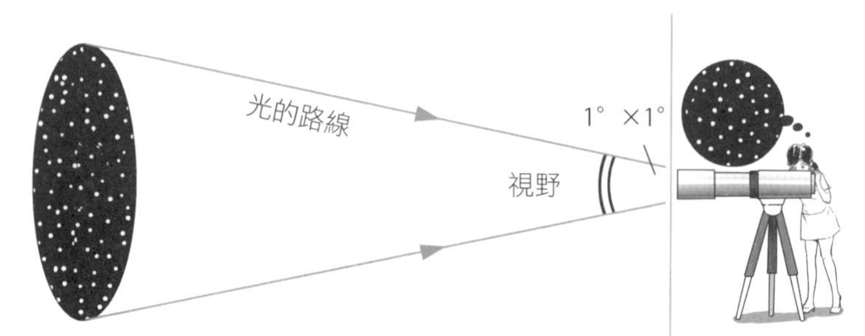

曲率為零的宇宙裡，觀測越遠的地方，視野所見的銀河數量就越多

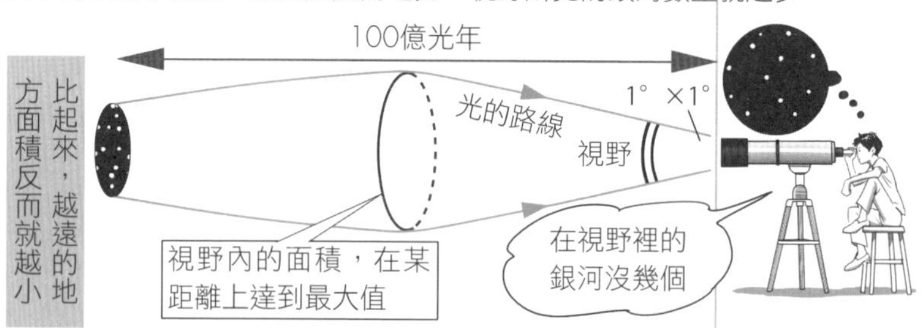

曲率正值的宇宙，以觀測者為中心，半徑100億光年外的球面可能僅有1平方公尺

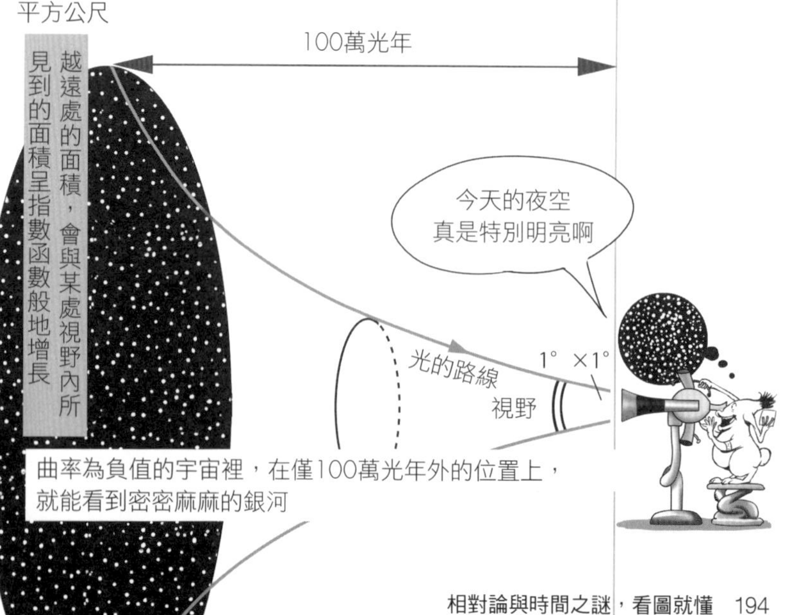

曲率為負值的宇宙裡，在僅100萬光年外的位置上，就能看到密密麻麻的銀河

這裡提到的宇宙「觀測得到的範圍」說法，好像還有些什麼沒說完，這部分是下一節的主題，不過我在此先簡單說明一下。

這個宇宙正在膨脹著，遠處的物體不斷地以驚人的速度遠離著，因此遙遠處的物體難以觀測得到，從理論上來說，遠於四六七億光年以外的宇宙，我們無法加以觀測。換言之，調查空間曲率、計算銀河數量，以此進行調查的只有在四六七億光年以內的範圍而已，這就是為什麼要用「觀測得到的範圍」這種不乾脆的說法，來描述宇宙性質的緣故。

宇宙無窮大或有限？

如果宇宙的曲率是正值，那麼不管往哪個方向一直前進，最終都會回到原先的位置。如此宇宙的大小是有限的；如果是平坦曲率為零的情形下，就表示我們的宇宙不論前後左右上下各個方向，都是無限延展的宇宙了。

物理學上不太喜歡「無限」這個概念，要是在遇上計算結果出現無限這個答案，研究家便會開始感到不安，憂慮是不是過程中出了什麼差錯。因為在多數情況下，計算結果裡能避開無限的概念，實際上多較為正確。

即使宇宙的曲率是零，還是有避開無限的解釋空間。例如，這個宇宙是三維環面空間的話，往某個方向前進某段距離（比方說一千億光年左右），就會回到原來的位置，那麼宇宙的範圍就會是有限的了。

只不過在這種情況下，往某些方向會回到原處，某些方向則只會回到原處附近，如此一來就得先放棄現存宇宙理論為均質性的前提，亦即宇宙的任何方向都是相同的。

若宇宙的曲率是接近零的正值，也存在著能夠避開無限的解釋。雖然宇宙是位於四維球體表面上的空間，只要「曲率半徑」大於四六七億光年，那麼宇宙的範圍就是有限的了，只要越過四六七億年後就能回到原來位置。

對於宇宙是有限或者無限，曲率是趨近於零的正值，抑或趨近於零的負值，又或者正好是零，如今都還不太清楚。或許實際上這個宇宙就是無限地擴展，即便研究家再怎麼不安也應該要接受這一點。

宇宙一直在長大

另一項看了就能理解的特徵，就是宇宙的膨脹。

在二十世紀初期有一項報告，是關於遠方的銀河像是逃離我們銀河系一般地逐漸遠去，這就是宇宙膨脹的發現。

要理解宇宙膨脹的情景並不困難，如同【圖41】所描述的鄰居房子、樹或道路，從鄰居、車、狗或讀者遠離的情景，並且較遠的房子離開的速度會越快，因為速度是跟物體與讀者間的距離呈正比的。在宇宙上方跟下方也會有物體遠離，除了這一點之外，這圖已經很正確地呈現宇宙膨脹的概念了。

雖然看起來遠方的銀河像在逃離我們的銀河系，但這並非我們的銀河系有什麼特別之處，對任何銀河系裡的觀測者，都會感覺是遠方的銀河正逃離自己的所在之處。用遠離的房子、樹或道路來舉例的話，對每位居民來說，鄰居的房子看起來都像在逃離自己的房子。

【圖41】膨脹中的宇宙

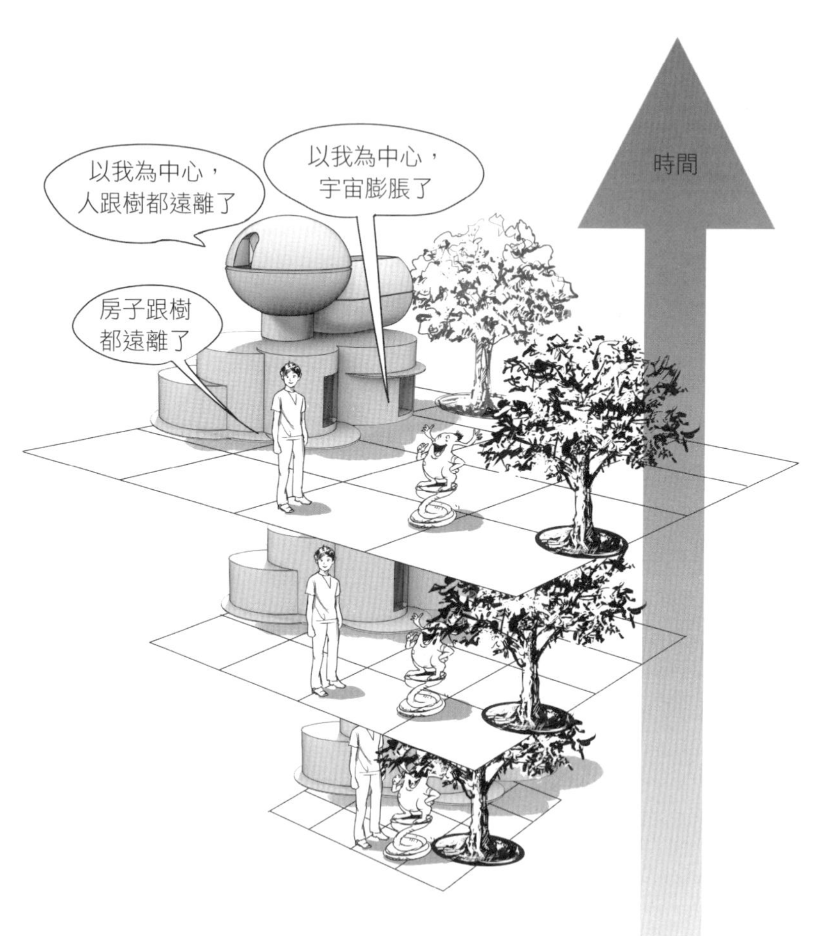

請試著想像鄰居的房子或樹，從遠離觀測者的情景來看，遠處的房子速度會較快，與觀測者間的距離呈正比

Tips 這個宇宙正在膨脹。

因此越遠的銀河離開我們的速度會越快，遠到不像話的銀河的速度也就快到像是沒感情一般。一三八億光年外的銀河會以光速遠離，四六六億光年外的銀河是以光速的三．四倍，一千兆光年外的銀河（無法觀測只能推估），則達到光速的七萬倍。

物體有可能以超越光速的速度遠離嗎？相對論不是有著光速無法被超越的定律嗎？依據廣義相對論，空間膨脹或收縮的速度即使超越光速也沒關係，原因在於即使位於空間內的太空船或銀河鐵路，也會隨著膨脹而超越光速，所以無法以超光速到達鄰近的星球。在膨脹空間裡，鄰近星球也跟著銀河鐵路一起移動，星球跟列車間的相對速度依然在光速之內。

以超越光速的速度在膨脹著，半徑至少四六七億光年的平坦宇宙，正是透過現今的觀測資料，描繪出我們宇宙的模樣。

從大霹靂開始

在這一節當中，要請讀者們試著想像這個宇宙的時間變化。

根據近年來的觀測資料，這個宇宙似乎符合人們所能想像的最單純變化態樣，幾乎保持一定的速度，在一三八億年裡不停地膨脹著。假如現在是以每秒十萬公里速度遠離的銀河，在過去大概也是以每秒十萬公里的速度；現在以光速一百萬倍遠去的銀河，過去也是以將近光速的一百萬倍遠離著。

一三八億年前，宇宙現身

那麼，宇宙在膨脹的這件事，能否代表過去的宇宙很小呢？沒錯！就是這樣。過去的宇宙比現在小得多，與隔壁離了好幾億光年的天體星系團間的距離也很近，能觀測得到的範圍小於四六七億光年，體積實在小了許多。

越回溯過往的宇宙就會越小，單純從計算來看，一三八億年前宇宙的大小就

會是個零。跟無限的概念一樣，零也會讓研究家感到不安。若宇宙的大小是零，那麼密度或壓力或溫度都將無限大，會出現各種各樣計算上的破綻。

雖然許多研究家試著探求能夠迴避零的解釋或理論，但至今依舊沒能發現可以成為解答的選項。總而言之，多數意見認為宇宙在一三八億年之前，是呈現極端的高溫、高密度狀態；一三八億年前的高溫高密度狀態被稱為「大霹靂」（Big Bang），是一個很具有大爆炸感覺的詞彙，當時宇宙就這麼「砰」的一聲展開了。

Tips 自宇宙大霹靂以來的一三八億年間，宇宙幾乎都以定速膨脹中。

要計算這個宇宙過去或未來的模樣，該怎麼做才行呢？首先，要選擇宇宙的拓撲結構。像環面空間或射影空間這種怪怪的結構不受歡迎，曲率為正值的話會選擇四維球體的表面，曲率為零的話則選擇無限廣闊的平坦空間，曲率為負值的話則是選擇雙曲空間做為討論的對象，而現今多會選擇符合觀測資料，曲率為零的平坦空間。

接著要測量宇宙的質量，只要能測得銀河或暗物質的量，就能測出宇宙的質量。「暗物質」聽起來怪怪的，意思大概是指「看不見的物質」，雖然好像充斥於宇宙空間裡，但因為不會發光，所以無法瞭解其本體。

再來要來測量宇宙的膨脹速度了，因為來自遠方銀河的光線是過去所發射的，藉此可以對過去的膨脹速度做出某種程度的測定。

還需要一些其他的測量資料，但基本上以這些資料已經能夠計算宇宙的時間變化。把宇宙的曲率等資料代入愛因斯坦所提出的重力方程式，就能轉換得出表示宇宙大小的時間變化的公式，而且因為是微分方程的形式，僅需運用計算機便能算出數值。

宇宙充滿了暗黑能量

從現在往過去計算宇宙的時間變化，會發現回溯到一三八億年前左右，全宇宙的物質都集中在一個點上，密度跟溫度都無限量地大，也就無法再進一步計算了，這也就是一般所說的大霹靂。

為了正確計算出大霹靂的時點，可以想見這需要整合廣義相對論及量子理論的方程式，只不過這麼傑出的方程式至今尚未被導出，我們的計算也只好止步在這裡了。

我透過這個方式計算出宇宙模型的時間變化，如同【圖42】所表示，這個宇宙打從大霹靂以來都幾乎以一定的速度在膨脹著。在這個圖內同時也附上，因重力而潰散的模型，以及相反地會隨著膨脹而加速的模型等兩者的時間變化。

透過這樣的計算可以得知，若想得出膨脹幾乎是以一定速度進行的結果，在方程式中就必須加入某些抗力才有辦法（最早加的人是愛因斯坦），而這個抗力的源頭稱為「暗能量」。由於究竟是什麼能量無法確知，只好用「暗」來稱呼，目前認為在**宇宙裡到處都充滿著這樣的暗能量**。

宇宙以幾乎一定的速度膨脹，時間的變化看來也很單純，要以我們現有知識來說明的話，就必需要有像「暗物質」或「暗能量」這類來歷不明的存在。這個宇宙裡充滿了暗物質與暗能量，暗物質對宇宙的膨脹起了煞車作用，暗能量則在

【圖42】宇宙膨脹的歷史

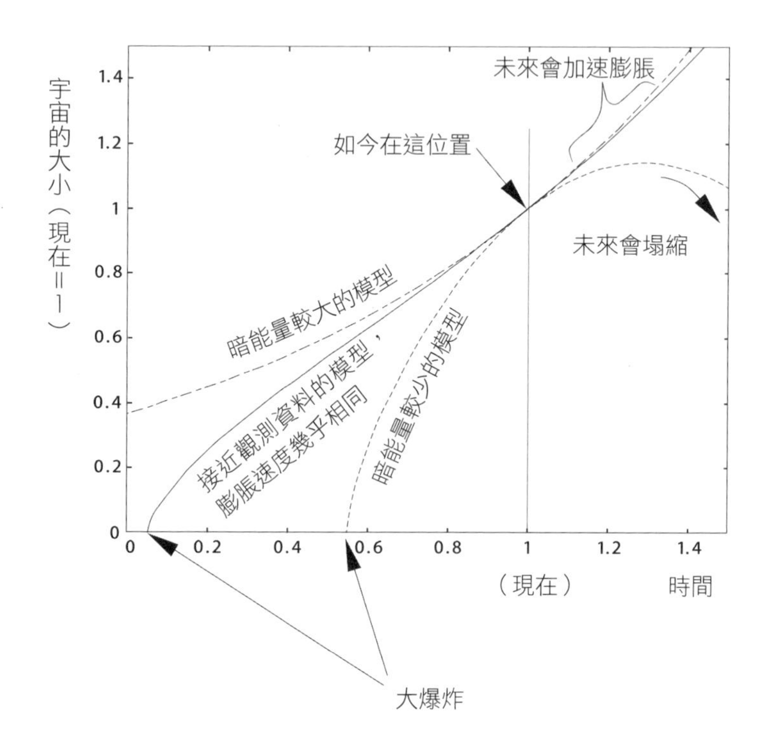

以Planck Collaboration 的資料為基礎進行計算
（Astron. Astrophys ，2013）

後推動著宇宙膨脹，兩者相互角力的結果讓速度維持一定，總算保住了這個有點危險的平衡狀態。

說不定正是因為我們對於重力法則的理解尚有欠缺，若能補上這些缺陷的話，也許將能很清楚地說明，為什麼宇宙會以一定速度膨脹的這件事了。很期待這種超越相對論的次世代物理學理論，哪天能夠早日出現。

大眾科學館 PS001

相對論與時間之謎，看圖就懂

和愛因斯坦搭乘光速火車的宇宙探險之旅

数式なしでわかる相対性理論

作　　者　小谷太郎
譯　　者　林曜霆

總 編 輯　鄭明禮
主　　編　莊惠淳
業務主任　劉嘉怡
業務行銷　龐郁男
會計行政　謝蕙青

封面設計　萬勝安

出版發行　方言文化出版事業有限公司
劃撥帳號　50041064
電話／傳真　（02）2370-2798／（02）2370-2766

定　　價　新台幣300元
初版一刷　2016年11月24日
I S B N　978-986-93490-6-2

國家圖書館出版品預行編目(CIP)資料

相對論與時間之謎，看圖就懂 ： 和愛因斯坦搭乘光速火車的宇宙探險之旅 / 小谷太郎著 ； 林曜霆譯. -- 初版. -- 臺北市 : 方言文化, 2016.12　面 ； 公分. -- (大眾科學館 ; 1)

譯自 ： 数式なしでわかる相対性理論
ISBN 978-986-93490-6-2(平裝)

1.相對論

331.2　105020194

方言文化